D. S. JAYALAKSHMI
R. MANOJ

# UMA FERRAMENTA DE ESTRUTURA ELECTRÓNICA PARA PRINCIPIANTES

D. S. JAYALAKSHMI
R. MANOJ

# UMA FERRAMENTA DE ESTRUTURA ELECTRÓNICA PARA PRINCIPIANTES

**Análise Teórica da Estrutura da Banda do Condutor, Isolador Semicondutor**

ScienciaScripts

**Imprint**


Cover image: www.ingimage.com

This book is a translation from the original published under ISBN 978-620-6-77347-4.

Publisher:
Sciencia Scripts
is a trademark of
Dodo Books Indian Ocean Ltd. and OmniScriptum S.R.L publishing group

120 High Road, East Finchley, London, N2 9ED, United Kingdom
Str. Armeneasca 28/1, office 1, Chisinau MD-2012, Republic of Moldova, Europe
Printed at: see last page
**ISBN: 978-620-8-18614-2**

## RESUMO

O condutor, o semicondutor (intervalo de banda direto e indireto) e o isolador desempenham um papel importante nos domínios da investigação em Física e Materiais. Quase todos os materiais têm algum tipo de propriedades electrónicas. Efectuámos o cálculo para estudar a estrutura de bandas e a densidade de estado (DoS) utilizando o código WIEN no método da teoria do funcional da densidade (DFT). Neste trabalho, o cálculo da estrutura de banda é efectuado para o manganês (Mn), o silício (Si) - intervalo de banda indireto, o [illegible]de índio (In-P) - intervalo de banda direto e o bromo (Br), que estão em conformidade com os resultados experimentais disponíveis. Além disso, a partir do estudo da densidade de estado total e parcial de Mn, Si, In-P e Br, observa-se que os materiais são condutores, semicondutores (intervalo de banda indireto e direto) e isoladores. Inicialmente, a estrutura é optimizada com os parâmetros de rede existentes e as propriedades electrónicas são determinadas para a estrutura optimizada. O perfil da banda e os histogramas DoS sugerem a mobilidade dos electrões da banda de valência para a banda de condução. O hiato de energia existente/não existente entre a banda de valência e a banda de condução é explorado para determinar a natureza condutora dos materiais em causa. A energia de Fermi ($E_F$ ), o DoS na energia de Fermi e o coeficiente de calor específico eletrónico são calculados no código WIEN 2K. Este trabalho fornece a variação exacta do perfil de banda do condutor, do semicondutor (intervalo de banda indireto e direto) e do isolador, o que ajuda os principiantes a identificar a natureza eletrónica dos materiais através da variação do intervalo de banda, da densidade de estados e da carga de um dado condutor, semicondutor e isolador. Este estudo computacional apoia a análise experimental da caraterização eletrónica dos materiais.

# ÍNDICE DE CONTEÚDOS

# CAPÍTULO 1

# INTRODUÇÃO

### *1.1 Considerações gerais*

A física do estado sólido ocupa-se das propriedades electrónicas dos cristais. Os elementos constitutivos dos cristais são os átomos ou grupos de átomos, pelo que um cristal é um conjunto periódico tridimensional de átomos. O problema fundamental da física do estado sólido consiste em determinar a estrutura e as propriedades dos sólidos a partir das propriedades dos átomos que os constituem. As propriedades coesivas, electrónicas, ópticas, magnéticas e supercondutoras dos sólidos são dominadas pelo comportamento dos electrões de valência que se movem no campo do núcleo iónico dos átomos constituintes. Trata-se essencialmente de um problema de muitos corpos que é muito difícil de resolver sem a introdução de aproximações razoáveis.

O principal objetivo da física do estado sólido é determinar as propriedades e a estrutura dos sólidos e dos seus átomos constituintes. Através das propriedades comportamentais dos electrões de valência que se movem no campo dos núcleos de ferro dos átomos constituintes, podemos determinar as propriedades do sólido, como as electrónicas, magnéticas, coesivas, ópticas e supercondutoras [W. Kohn e L.J et al , 1965]. O problema dos muitos corpos é muito difícil de resolver e para o resolver temos de introduzir aproximações simplificadoras e razoáveis. Nos anos 60, as investigações no domínio da Teoria do Funcional da Densidade (DFT) estabeleceram-se como um ramo importante da física da matéria condensada, sendo atualmente o mais utilizado [J.P. Perdew, K.Burke , M. Ernzerhof et al , 1996].

Nos isoladores, os electrões da banda de valência estão separados por um grande intervalo da banda de condução, nos condutores, como os metais, a banda de valência sobrepõe-se à banda de condução e nos semicondutores existe um pequeno intervalo entre as bandas de valência e de condução [O.K. Andersen et al , 1975]. Um pequeno intervalo, a presença de alguma percentagem de um material dopante pode aumentar drasticamente a condutividade. O parâmetro importante na teoria das bandas é o nível de Fermi, o topo dos níveis de energia dos electrões disponíveis a baixas temperaturas. A posição do nível de Fermi em relação à banda de condução é um fator crucial na determinação das propriedades eléctricas[ P. Blaha et al 2001]

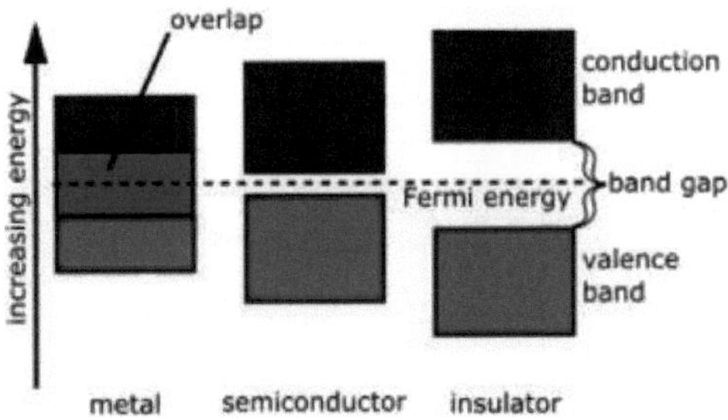


*Figura 1.1 Metal, Semicondutor, Isolante*

A estrutura cristalina dos semicondutores comuns para ilustrar o facto de a maioria dos semicondutores ter uma estrutura ordenada em que os átomos são colocados numa rede periódica. De seguida, consideramos o modelo de Kronig-Penney. Este modelo unidimensional ilustra a forma como um potencial periódico produz um conjunto de bandas de energia e de intervalos de bandas de energia. É a estrutura detalhada das bandas de um determinado material que pode ser diretamente associada ao seu comportamento condutor, isolante ou semicondutor [Kannan N, Vakeesan D et al , 2016].

## 1.2 Materiais comunicados

### 1.2.1 Manganês ( Mn)-Condutor

O Mn tem estrutura de tungsténio e cristaliza no grupo espacial cúbico Im̄ 3m. O Mn é ligado a oito átomos de Mn equivalentes numa geometria cúbica distorcida de corpo-canterizado. Todos os comprimentos de ligação Mn-Mn são 2,41 Å.

O parâmetro de rede foi considerado como sendo 2,79 ° A. Para visualizar a estrutura cristalina, utilizámos o projeto Material que é apresentado na fig. (1.2). A partir desta figura, visualizamos a estrutura cristalina cúbica centrada no corpo do manganês.

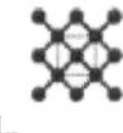

*Figura 1.2.1 Célula unitária de Mn vista pelo projeto Material*

### 1.2.2 Silício (Si) - Semicondutor[ intervalo de separação indireto]

O Si cristaliza no grupo espacial cúbico Im̄ 3m. O Si está ligado a quatro átomos de Si equivalentes para formar uma mistura de tetraedros $SiSi_4$ de borda distorcida e compartilhamento de canto. Todos os comprimentos de ligação Si-Si são 2,36 Å.

O parâmetro de rede foi considerado 6,67 ° A. Para visualizar a estrutura cristalina, utilizámos o projeto Material, apresentado na fig. (1.3). A partir desta figura, visualizamos a estrutura cristalina cúbica centrada no corpo do silício.

**Figura 1.2.2 Célula unitária de Si vista pelo projeto Material**

### 1.2.3 Semicondutor de índio-fósforo (In-P)

InP é Zincblende, Sphalerite estruturado e cristaliza no grupo espacial cúbico F43m. $In^{3+}$ é

ligado a quatro átomos equivalentes de $P^3$- para formar tetraedros de $InP_4$ com partilha de cantos. Todos os comprimentos de ligação In-P são 2,56 Å. $P^3$- está ligado a quatro átomos de $In^{3+}$ equivalentes para formar tetraedros de $PIn_4$ com partilha de cantos.

O parâmetro de rede foi considerado como sendo 5,90 ° A. Para visualizar a estrutura cristalina, utilizámos o projeto Material, que é apresentado na fig. (1.4). A partir desta figura, visualizamos a estrutura cristalina cúbica de Face-Cantered do Indian-Phosphorus.

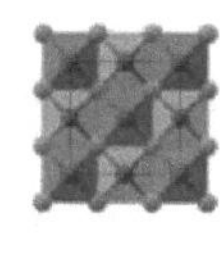

**Figura 1.2.3 Célula unitária de In-P vista por Projeto de material**

### 1.2.4 Bromo (Br)-Insulador

O Br tem uma estrutura semelhante à do índio e cristaliza no grupo espacial cúbico P$\overline{m}$ 3m. Aestrutura é zero-dimensional e consiste em três grupos de Br. O Br está ligado a átomos numa geometria de 8 coordenadas.

O parâmetro de rede foi considerado como sendo 4,60 ° A. Para visualizar a estrutura cristalina, visualizámos a partir do projeto Material que é apresentado na fig. (1.5). A partir desta figura, visualizamos a estrutura cristalina cúbica simples do Bromo.

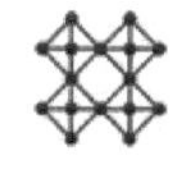

*Figura 1.2.4 Célula unitária de Br vista pelo projeto Material*

### *1.3 Âmbito do presente trabalho*

O Mn, o Si (bandgap indireto), o In-P (bandgap direto) e o Br foram amplamente utilizados para diversos fins, mas o estudo pormenorizado e simétrico não foi efectuado de forma adequada e necessária

montante. Neste projeto estudamos a estrutura de banda, densidade de estados e cargas de Mn, Si (bandgap indireto), In-P (bandgap direto) e Br usando o método WIEN2K para podermos procurar os seus novos aspectos tecnológicos e melhorar as suas utilizações actuais.

A partir do estudo da estrutura de bandas e da densidade de estados, podemos generalizar ideias sobre os materiais, sejam eles metálicos ou não metálicos, magnéticos ou não magnéticos. Este método também fornece a contribuição das orbitais para a estrutura de banda, que é estudada pelo método DFT. Do mesmo modo, a densidade de estados dá o número de estados correspondentes a um certo nível de energia que dá espaço para acomodar os electrões. Além disso, este conceito pode ser utilizado para calcular as propriedades do material, como o momento magnético e a constante dieléctrica, o que confere uma importância física direta.

A apresentação da tese está organizada pela seguinte ordem. No capítulo 1, é feita a introdução geral dos materiais objeto do estudo. No capítulo 2, [illegible] metodologia. Neste capítulo são também discutidos diferentes métodos de cálculo da estrutura eletrónica, focando finalmente os cálculos teóricos relacionados com a abordagem das orbitais de muffin-estanho linearizadas. No capítulo 3, é discutido o pacote computacional utilizando o WIEN2K no método DFT. Além disso, o processo de execução do pacote também é mencionado neste capítulo. Finalmente, no capítulo 5, são discutidos os resultados e as conclusões, bem como outros avanços que podem ser feitos no mesmo domínio.

### *1.4 Objetivo e metas*

*Os objectivos deste projeto são :*

- Para otimizar a estrutura geométrica de Mn, Si (semicondutor direto e indireto), isolador.
- Determinar o parâmetro de rede e outros parâmetros relacionados de Mn, Si

(semicondutor direto e indireto), isolador.

• Distinguir o intervalo de banda do condutor, do semicondutor e do isolador.

• Determinar a densidade de estados (DoS) em condutores, semicondutores e isoladores.

• Comparação do resultado atual com resultados experimentais e calculados anteriormente.

• Explorar a aplicação de condutores, semicondutores e isoladores na comunidade.

*Os objectivos deste projeto são:*

• Para determinar se os métodos computacionais são os melhores ou não.

• Comparar os dados experimentais com o método computacional utilizado neste projeto.

• Explorar o talento dos alunos e também conhecer os programas utilizados em Física, especialmente no sector da Física da Matéria Condensada.

• Dar a conhecer a todos que os métodos computacionais são os melhores e mais fiáveis para utilizar.

# CAPÍTULO 2

# METODOLOGIA

A simulação computacional tem sido muito utilizada no campo da investigação na comunidade científica, hoje em dia nesta secção também fizemos os cálculos tais como minimização de energia, estrutura de banda, densidade de estados, momento magnético, densidade de carga usando o pacote de simulação WIEN2K [O. K. Andersen et al , 1975]. Os cálculos foram efectuados no âmbito da teoria do funcional da densidade (DFT). Este pacote é basicamente utilizado para o cálculo da estrutura eletrónica considerando a aproximação do núcleo congelado, em que o núcleo interno não desempenha qualquer papel nas bandas electrónicas e apenas o eletrão de valência desempenha o papel mais significativo [O. K. Andersen et al , 1970].

O pacote WIEN2K é um software amplamente utilizado para o cálculo estrutural eletrónico, porque este programa é rápido, eficiente, transparente e preciso. O principal significado deste programa é o facto de ser uma técnica muito simples para calcular a estrutura de bandas e a densidade de estados num curto espaço de tempo [O. K. Andersen et al , 1970]. Vamos agora discutir alguns comandos para a execução do programa, para calcular a estrutura de bandas e a densidade de estados, com uma breve explicação dos respectivos trabalhos [O. K. Andersen et al 1970].

***Agora, discutimos brevemente o procedimento de execução do pacote WIEN2K para calcular a estrutura de banda e o DoS***

## *2.1 GERAÇÃO ESTRUTURAL*

**PASSO 1 -** Criação do ficheiro estrutural através da introdução de dados pela seguinte ordem: grupo espacial

unidade atómica, parâmetros da rede e, finalmente, posição dos átomos.

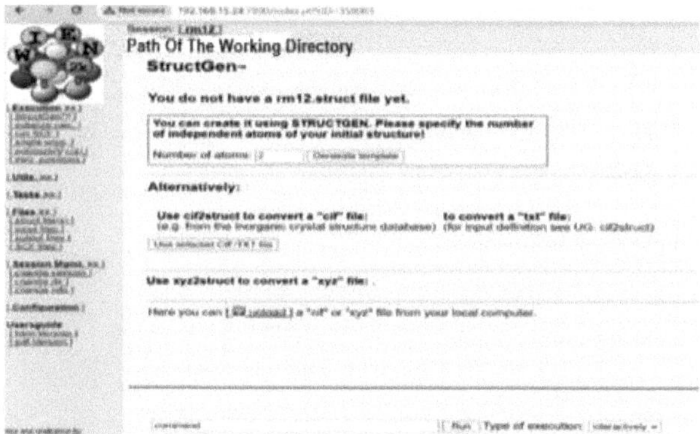


- Podemos alterar o número de átomos 1 ou 2 para escolher o seu material e clicar em gerar modelo.

**PASSO 2 -**

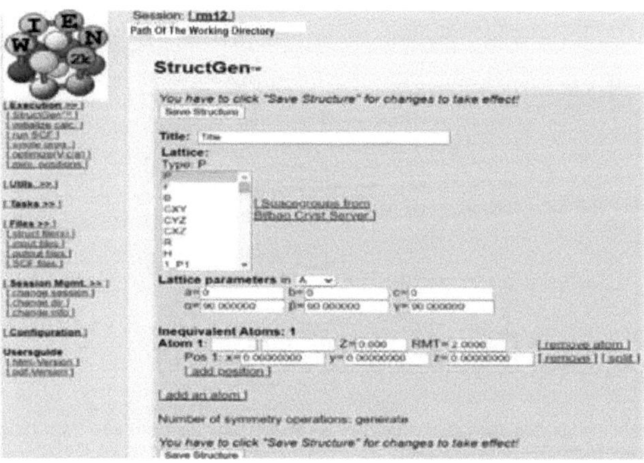


- Título : Símbolo do elemento , Por exemplo - Manganês[Mn]
- Tipo de rede : grupo espacial , Por exemplo - Im-3m[229]
- Parâmetros da rede em

Ang ou Átomos Inequivalentes de

Bohr : 1

- Átomo 1 : Símbolo do elemento , Por exemplo - Manganês[Mn]
- Z = Número atómico , Por exemplo - Número atómico do Mn : 25
- RMT = Dá 2.000 (ou) às vezes aparece um erro, então alteramos o valor RMT.
- Pos 1 : Podemos colocar os valores x , y , z. Por exemplo - x=2,79 Å , y=2,79 Å , z=2,79 Å
- Em seguida, clique em guardar estrutura.
- Em seguida, vá para inicializar o cálculo.

## 2.2 INICIALIZAR O CÁLCULO

### PASSO 3 -

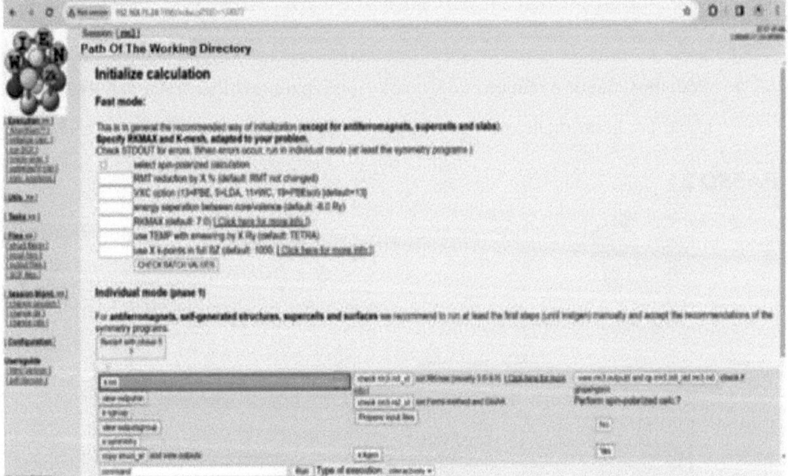


***Figura 2.2.1 Cálculo inicial***

- Este programa utiliza o ficheiro **case.struct** no qual são especificadas as posições dos átomos na célula unitária, calcula as distâncias dos vizinhos mais próximos de todos os átomos e verifica se as esferas atómicas correspondentes (raios) não se sobrepõem. Se ocorrer uma sobreposição, é mostrada uma mensagem de erro no ecrã.

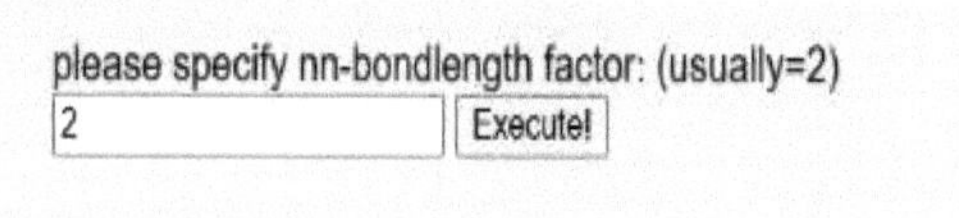


- Clicamos no executel.

```
Commandline: x nn
Program input is: "2"

 specify nn-bondlength factor: (usually=2) [and optionally dlimit, dstmax (about
  1.d-5, 20)]
 DSTMAX:   22.0000004768372
 iix,iiy,iiz           4           4           4   34.7709760000000
   34.7709760000000        34.7709760000000

    ATOM  I  Br          ATOM  I  Br
 RMT(  1)=2.00000 AND RMT(  1)=2.00000
 SUMS TO 4.00000  LT.  NN-DIST= 6.14670
NN ENDS
0.004u 0.000s 0:00.07 0.0%     0+0k 448+40io 2pf+0w

Continue with

initlapw
```

- Em seguida, clicamos em initlapw.

**PASSO 4 -**

- Figura de referência 2.2.1
- A seguir, vamos para view outputnn.t view outputnn.t significa que as distâncias do vizinho mais próximo até f vezes a distância do vizinho mais próximo (f tem de ser especificado interactivamente) são escritas num ficheiro de saída chamado **case.outputnn**. Para valores negativos de f, apenas as distâncias de átomos não equivalentes são impressas. Para valores negativos de f, apenas as distâncias de átomos não equivalentes são impressas, mas as equivalentes não são listadas novamente. Opcionalmente pode-se especificar também um parâmetro ``limite", que ajuda o nn a encontrar átomos equivalentes no caso de dados estruturais ``inaculados".

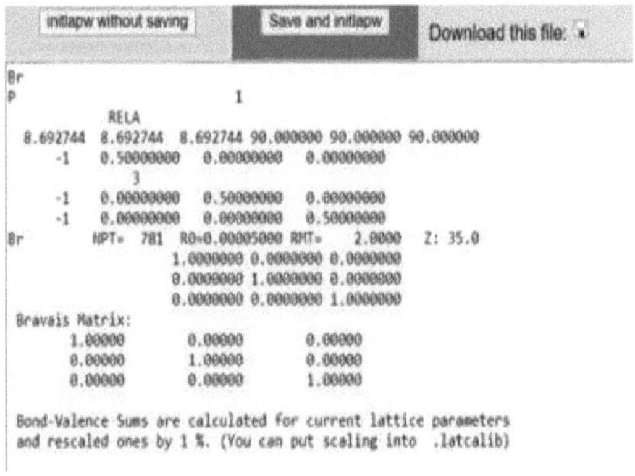


- De seguida, clicamos em guardar e em initlapw.

**PASSO 5 -**

- Figura de referência 2.2.1
- Este programa utiliza a informação de **case.struct** (tipo de rede, constantes de rede, posições atómicas) e determina o grupo espacial e todos os grupos de pontos de sítios não equivalentes. Utiliza as cargas nucleares Z ou a "etiqueta" no terceiro lugar do nome atómico (Si1, Si2) para distinguir os diferentes átomos de forma única. É capaz de encontrar possíveis células unitárias mais pequenas, deslocar a origem da célula e pode mesmo produzir um novo ficheiro struct **case.struct_sgroup** com base no seu **ficheiro case.struct** de entrada, com os tipos de estrutura e equivalência adequados. É, portanto, muito útil, em particular para estruturas "feitas à mão".

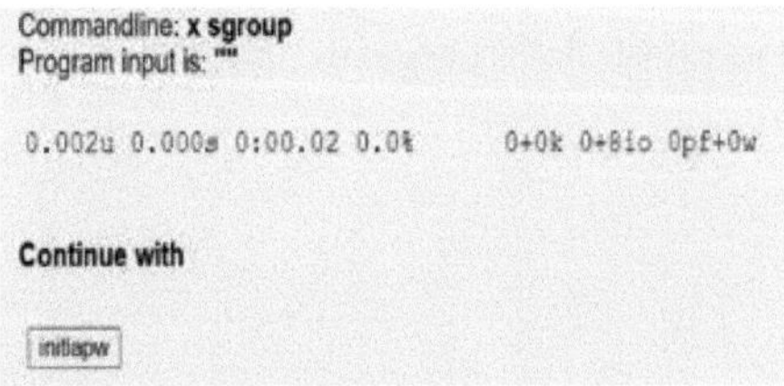


- Em seguida, clicamos em initlapw.

**PASSO 6 -**

- Figura de referência 2.2.1
- Em seguida, vamos ver o grupo de saídas.

De seguida, clicamos em guardar e em initlapw.

**PASSO 7 -**

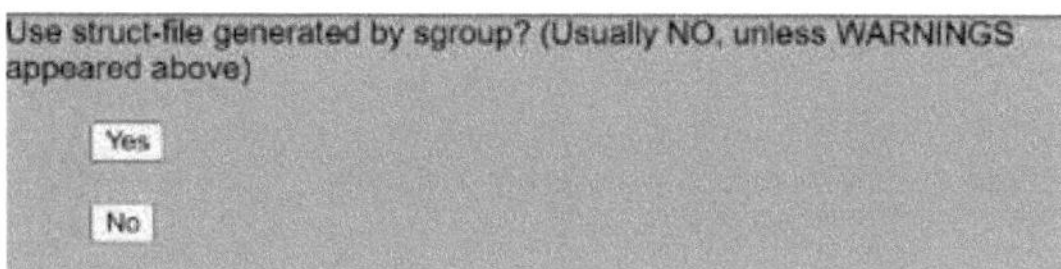


- Em seguida, clicamos em sim.

**PASSO 8 -**

- Figura de referência 2.2.1

>

- Este programa utiliza a informação do **ficheiro case.struct** (tipo de rede, posições atómicas). Se NSYM foi definido como zero, gera as operações de simetria do grupo espacial e escreve-as em **case.struct_st** para completar este ficheiro. Caso contrário (NSYM 0), compara as operações de simetria geradas com as já existentes. Se não estiverem de acordo, é dado um aviso na saída. Além disso, o grupo de pontos de cada sítio atómico é determinado e as respectivas operações de simetria e valores LM da representação harmónica da rede são impressos. Esta última informação é escrita em **case.in2_sy**, enquanto a matriz de rotação local, os valores IATNR positivos ou negativos e o parâmetro ISPLIT correto são escritos em **case.struct_st**.

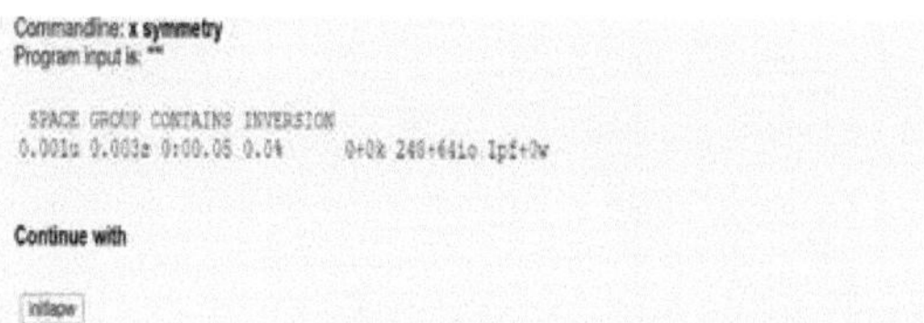


- De seguida, clicamos em initlapw.

## PASSO 9 -

- Figura de referência 2.2.1
- Em seguida, vamos copiar struct_st.

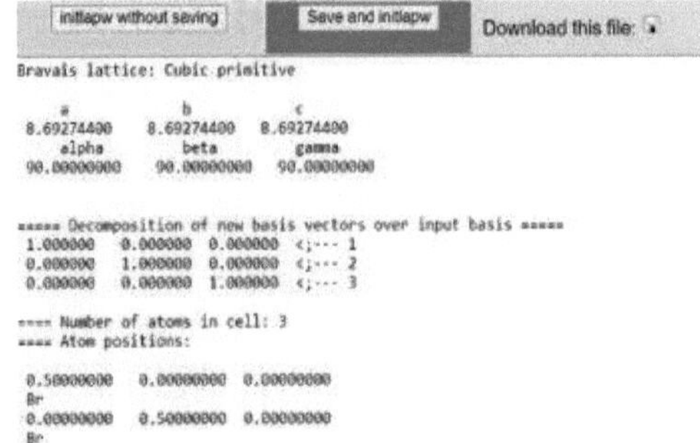


- De seguida, clicamos em guardar e em initlapw.

## PASSO 10 -

- Figura de referência 2.2.1
- A seguir , passamos a x Istart. x lstart significa Se o programa pára com algumas linhas:

**O programa produz ``WARNINGS" se R0 for demasiado grande ou se** a densidade do núcleo sair do RMT. O programa produz ``WARNINGS" se R0 for demasiado grande ou se a densidade do núcleo sair do RMT.

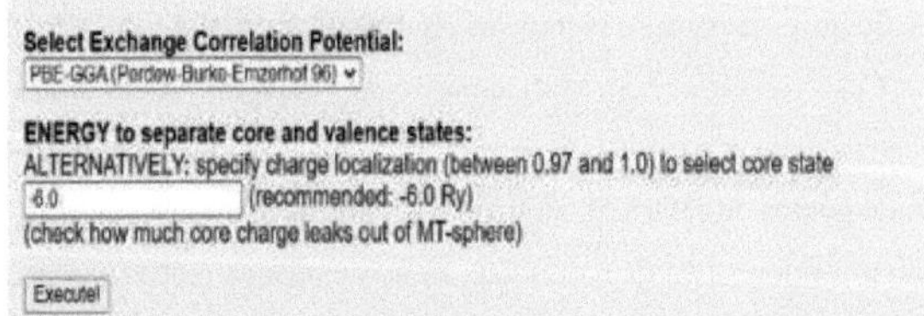


- Em seguida, clicamos em executar.

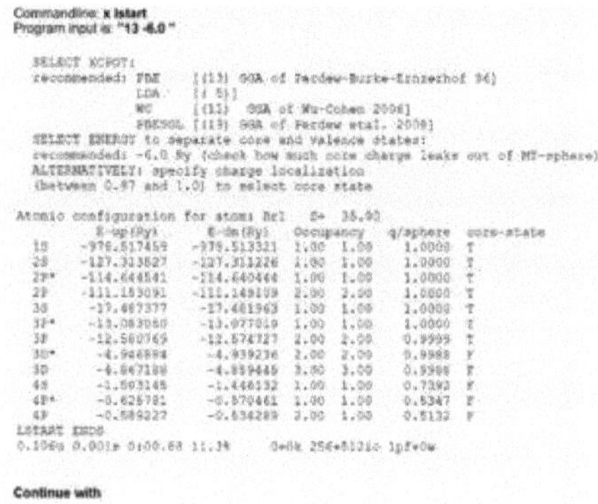


- De seguida, clicamos em initlapw.

**PASSO 11-**

- Figura de referência 2.2.1
- Em seguida, passamos à visualização das saídas para verificar a fuga de carga.

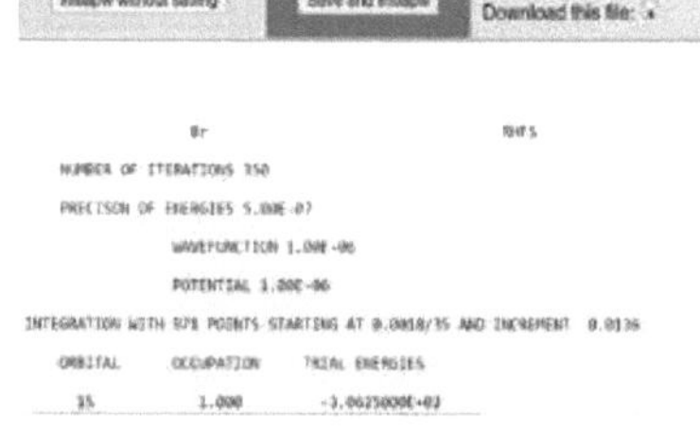


- De seguida, clicamos em guardar e em initlapw.

**PASSO 12-**

- Figura de referência 2.2.1
- Em seguida, vamos verificar rm3.in1_st.

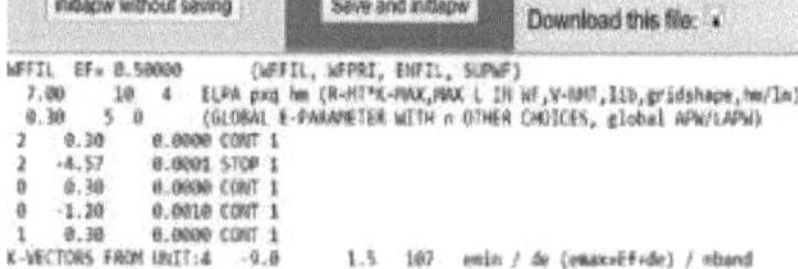


- De seguida, clicamos em guardar e em initlapw.

**PASSO 13-**

- Figura de referência 2.2.1

- De seguida, vamos verificar o rm3.in2_st para executar o espetro de energia.

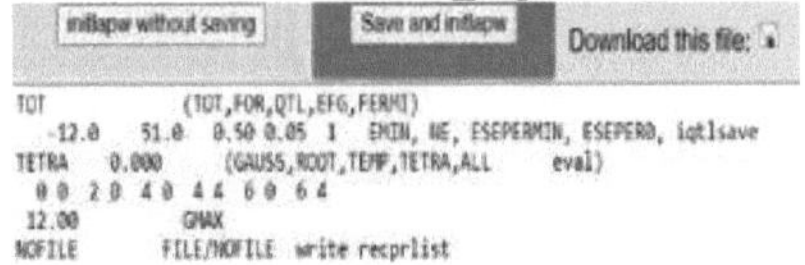


```
TOT             (TOT,FOR,QTL,EFG,FERMI)
  -12.0    51.0   0.50 0.05  1   EMIN, NE, ESEPERMIN, ESEPER0, iqtlsave
TETRA    0.000        (GAUSS,ROOT,TEMP,TETRA,ALL       eval)
  0 0  2 0  4 0  4 4  6 0  6 4
 12.00          GMAX
NOFILE          FILE/NOFILE  write recprlist
```

- De seguida, clicamos em guardar e em initlapw.

**PASSO 14-**

- Figura de referência 2.2.1
- x kgen significa que **o kgen** necessita como entrada interactiva o número total de pontos k no BZ. Se for definido como zero, é-lhe pedido que especifique as divisões dos vectores recíprocos da célula unitária (3 números, tenha cuidado para não "quebrar" a simetria e escolha-os corretamente de acordo com o comprimento inverso dos vectores recíprocos da rede) para uma malha. Se a simetria de inversão não estiver presente, será adicionada automaticamente, a menos que tenha especificado a opção ``assim" (para casos magnéticos com acoplamento spin-órbita).
- A malha k é então criada com esta simetria adicional. Se a simetria o permitir, é ainda perguntado se a malha k deve ou não ser deslocada para fora das direcções de alta simetria. O ficheiro **case.klist** é utilizado no **lapw1** e **o case.kgen** é utilizado no **tetra** e no **lapw2**, se a opção EF estiver definida para TETRA, ou seja, é utilizado o método do tetraedro para a integração do espaço k. Para o formato do **case.klist**, ver página .

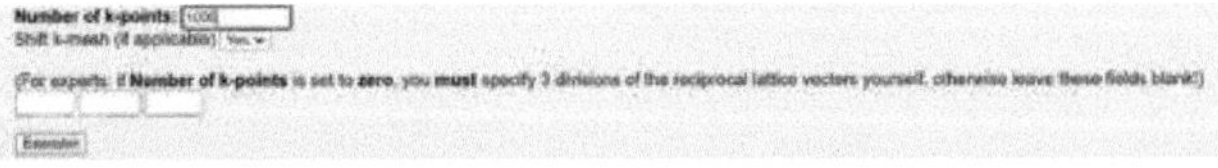


- Em seguida, digitamos Número de k-pontos = 1000
- Em seguida, clicamos em executar.

```
Commandline: x kgen
Program input is: " 1000 1 "

  NUMBER OF K-POINTS IN WHOLE CELL: (0 allows to specify 3 divisions of G)
 length of reciprocal lattice vectors:   0.723   0.723   0.723  10.000  10.000  10.000
  Shift of k-mesh allowed. Do you want to shift: (0=no, 1=shift)
          35  k-points generated, ndiv=          10          10          10
KGEN ENDS
0.017u 0.001s 0:00.17 5.8%      0+0k 0+232io 0pf+0w

Continue with

initlapw
```

- De seguida, clicamos em initlapw.

## PASSO 15-

- Figura de referência 2.2.1
- Em seguida, vamos para a lista de visualização.

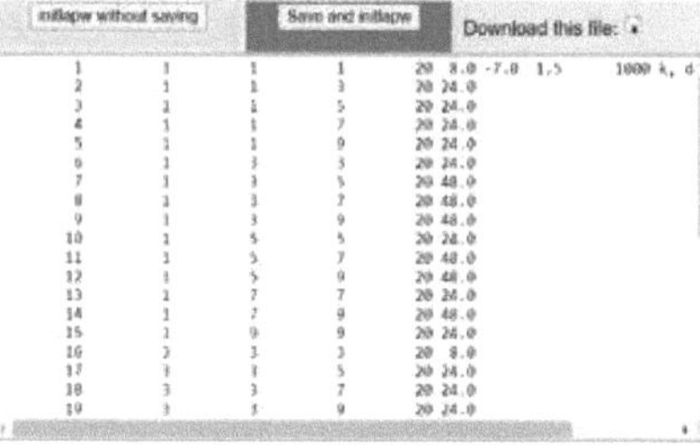


- De seguida, clicamos em guardar e em initlapw.

## PASSO 16-

- Figura de referência 2.2.1

- Em seguida, passamos a x dstart. x dstart significa Este programa gera uma densidade de carga cristalina inicial **case.clmsum** através de uma sobreposição de densidades atómicas (**case.rsp**) geradas com **lstart**. A informação sobre os valores LM da representação harmónica da rede e o número de coeficientes de Fourier da densidade de carga intersticial é retirada de **case.in1** e **case.in2**. No caso de um cálculo polarizado por spin, também deve ser executado para a densidade de carga de spin-up **case.clmup** e densidade de carga de spin-down **case.clmdn**.

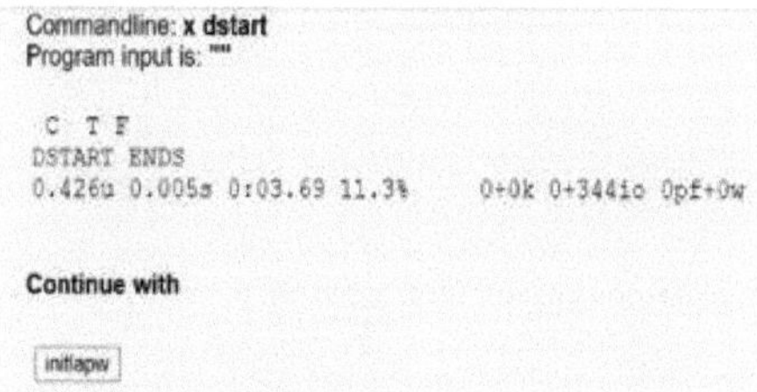


- De seguida, clicamos em initlapw.

## PASSO 18-

- Figura de referência 2.2.1

- Em seguida, vamos ver rm3.outputd e rm3.in0_std rm3.in0

- De seguida, clicamos em guardar e em initlapw.

**PASSO 19-**

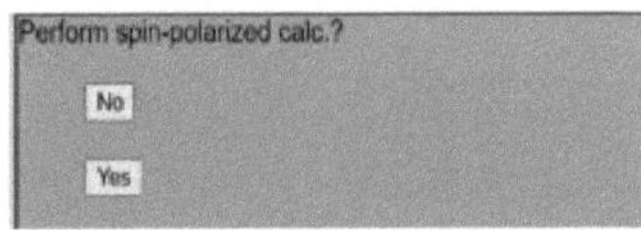


- De seguida, vamos efetuar o cálculo de spin polarizado? - Não [ Se for necessário incluir propriedades magnéticas, clique em Sim].

**PASSO 20 -**

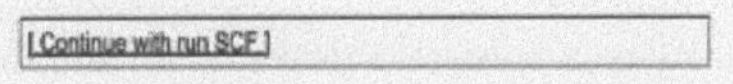


- Em seguida, clicamos em continuar com a execução do SCF.

## *2.3 EXECUTAR CICLO SCF*

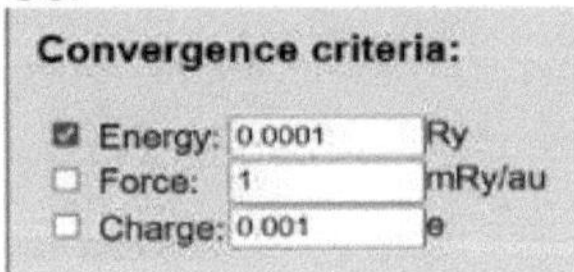


- Em seguida, clicamos em todas as caixas dos critérios de convergência.

**PASSO 21-**

- Em seguida, clicamos em iniciar o ciclo SCF.

**PASSO 22- CICLO SCF**

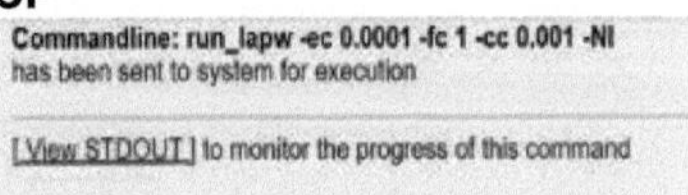


- Em seguida, clicamos em [view STDOUT] para monitorizar o progresso deste comando.

➢ Em seguida, monitorizamos o canto direito do ecrã em cima "a cor rosa transforma-se completamente em cor amarela".

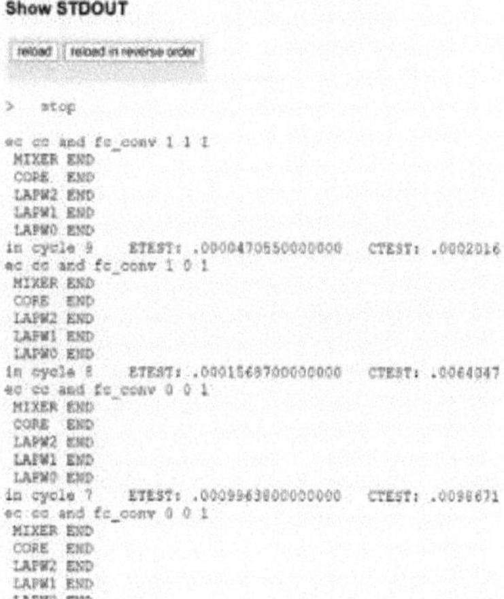


➢ Em seguida, após a mudança de cor, será dado o comando de paragem. O ciclo

SCF termina completamente.

## *2.4 OPTIMIZAR O CÁLCULO DO VOLUME*

**PASSO-23**

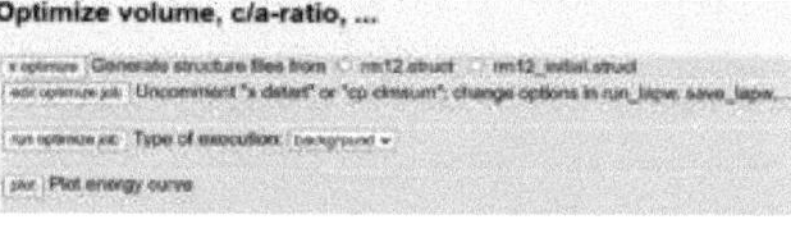


***Figura 2.2.2 Otimizar o cálculo do volume***

➢ Em seguida, vamos para x otimizar.

optimizer

For option 1-4: specify structure changes in % (each value in separate line)

For option 5: specify number of structures: 6, 9 (3x3), 16 (4x4), 25 (5x5), 36

For option 6: specify number of structures: 10, 27 (3x3x3), 64 (4x4x4), 125 (5x5x5) specify the % change:

For option 7: specify number of structures: 15, 81 (3x3x3x3), 256 (4x4x4x4)

- Em seguida, colocamos o número em especificar as alterações da estrutura em % (cada valor numa linha separada)
- Para instruir o valor, trace o gráfico.

Por exemplo: -2 , -1 , 0 , 1 , 2

```
**********************************************************
Using   rml2_initial.struct
**********************************************************

 NUMBER OF STRUCTURE CHANGES ?
 PLEASE ENTER VALUE                1 (IN %)
 PLEASE ENTER VALUE                2 (IN %)
 PLEASE ENTER VALUE                3 (IN %)
 PLEASE ENTER VALUE                4 (IN %)
 PLEASE ENTER VALUE                5 (IN %)
 rml2_vol___-2.00.struct

  8.634402  8.634402  8.634402 90.000000
 rml2_vol___-1.00.struct

  8.663671  8.663671  8.663671 90.000000
 rml2_vol____0.00.struct

  8.692744  8.692744  8.692744 90.000000
 rml2_vol____1.00.struct

  8.721624  8.721624  8.721624 90.000000
 rml2_vol____2.00.struct

  8.750314  8.750314  8.750314 90.000000
 Now run   optimize.job
0.001u 0.001s 0:00.04 0.0%      0+0k 0+168io 0pf+0w
```

**Continue with**

[continue with optimizer]

- Em seguida, clicamos em continuar com o optimizador.

**PASSO 24 -**

- Figura de referência 2.2.2
- Em seguida, vamos editar o optimize.job.

- Em seguida, clicamos em guardar e continuamos com o optimizador.

**PASSO 25-**

- Figura de referência 2.2.2
- Em seguida, vamos executar o optimize.job.

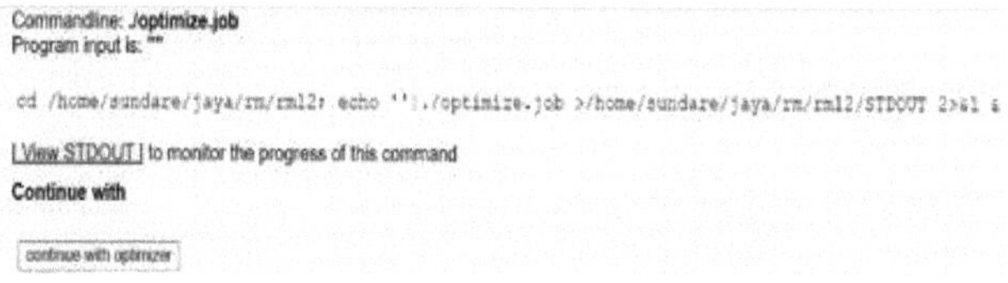


- Em seguida, clicamos em [view STDOUT] para monitorizar o progresso deste comando.

```
reload | reload in reverse order

in cycle 3    ETEST: .0008766700000000   CTEST: .0056315
ec cc and fc_conv 0 1 1
 MIXER END
 CORE  END
 LAPW2 END
 LAPW1 END
 LAPW0 END
in cycle 2    ETEST: .0006673800000000   CTEST: .0095768
ec cc and fc_conv 0 1 1
 MIXER END
 CORE  END
 LAPW2 END
 LAPW1 END
 LAPW0 END
or the script will rm *.broyd* and continue (use -NI to avoid automatic rm)
You have 60 seconds to kill this job ( ^C   or   kill 3056 )
rm3.broyd* files present ! You did not save_lapw a previous clculation.
clmextrapol_lapw has generated a new rm3.clmsum
0.017u 0.001s 0:00.20 5.0%      0+0k 1744+448io 8pf+0w
1.044u 0.014s 0:10.39 10.1%     0+0k 0+4641o 0pf+0w
DSTART ENDS
 C  T F
running dstart in single mode
0.940u 0.008s 0:09.67 9.7%      0+0k 9704+4801o 22pf+0w
DSTART ENDS
 C  T F
running dstart in single mode
```

- Em seguida, monitorizamos o canto direito do ecrã em cima "a cor rosa transforma-se completamente em cor amarela".
- Em seguida, após a mudança de cor, o comando > stop aparecerá. Executar optimize.job completamente terminado.

```
Commandline: ./optimize.job
Program input is: ""

cd /home/sundare/jaya/rm/rml2; echo ''|./optimize.job >/home/sundare/jaya/rm/rml2/STDOUT 2>&1 &

[ View STDOUT ] to monitor the progress of this command
Continue with

continue with optimizer
```

- Em seguida, conclua a execução de optimize.job e clique em continuar com o optimizador.

**PASSO 26-**

- Figura de referência 2.2.2
- Em seguida, vamos para o gráfico

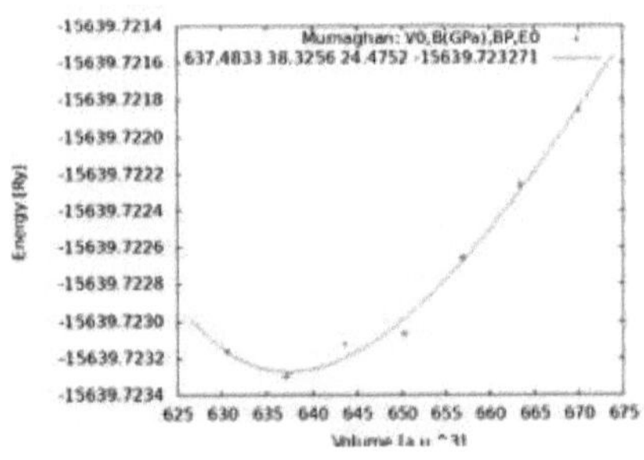


**Gráfico E Vs V**

- Em seguida, depois de traçar o gráfico, podemos obter o valor de Birch-Murnaghan Bohr e Angstrom.

```
 Equation of state: Murnaghan                      info        ?
 E=E0+[B*V/BP*(1/(BP-1)*(V0/V)**BP +1)-B*V0/(BP-1)]/14703.6
 Pressure=B/BP*((V0/V)**BP -1)
 V0,B(GPa),BP,E0        357.3953          44.2679          -4.2149      -12450.824247
cubic lattice parameter:   11.2651 bohr =      5.9612 Ang
        vol          energy           de(EOS2)        de(Murnaghan)   Pressure(GPa)
    367.2815   -12450.823604     -0.000027      -0.000028          -1.858
    343.0271   -12450.823063      0.000017       0.000016           2.422
    339.5622   -12450.822405     -0.000000       0.000001           2.959
    346.4920   -12450.823510     -0.000032      -0.000034           1.867
    349.9569   -12450.823898     -0.000019      -0.000018           1.294
    353.4218   -12450.824210      0.000057       0.000058           0.702
    360.3517   -12450.824163     -0.000031      -0.000030          -0.539
    367.2815   -12450.823666      0.000035       0.000034          -1.858
                   Sigma:         0.000031       0.000031

 Equation of state: Birch-Murnaghan                      info         ?
 E = E0 + 9/16*(B/14703.6)*V0*[(eta**2-1)**3*BP + (eta**2-1)**2*(6-4*eta**2)]
          --> eta = (V0/V)**(1/3)
 Pressure = 3/2*B*(eta**7 - eta**5)*(1 + 3/4*(BP-4)*(eta**2 - 1))
 V0,B(GPa),BP,E0        357.3778          44.7135          -3.7221      -12450.824248
cubic lattice parameter:   11.2649 bohr =      5.9612 Ang
```

**PASSO 27-**

- Em seguida, depois de completar o cálculo da otimização do volume, podemos começar novamente com o novo diretório.
- Recomeçar a geração estrutural com o valor angstrom de Birch-Murnaghan, o mesmo grupo espacial, o mesmo elemento com o mesmo número atómico, o mesmo RMT, a mesma posição dos átomos.
- Concluir a geração estrutural, executar novamente o cálculo de inicialização de todas as etapas.
- Concluir o cálculo de inicialização, efetuar novamente o ciclo SCF.
- Em seguida, vá para task>>> DoS e estrutura de banda.

## *2.5 DENSIDADE DOS ESTADOS*

**PASSO 28**

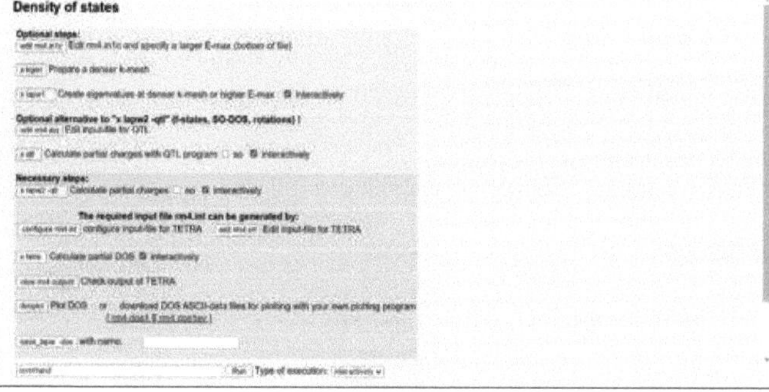

***Figura 2.2.3 Densidade dos Estados***

- De seguida, vamos editar o ficheiro rm4.in1c.

continue with DOS without saving | Save and continue with DOS | Download this file:

```
WFFIL  EF=.296603618933333333126   (WFFIL, WFPRI, ENFIL, SUPWF)
  7.00      10   4   ELPA pxq hm (R-MT*K-MAX,MAX L IN WF,V-NMT,lib,gridshape,nm/lm)
  0.30     4  0        (GLOBAL E-PARAMETER WITH n OTHER CHOICES, global APW/LAPW)
 2    0.30      0.0000 CONT 1
 2   -1.03      0.0010 CONT 1
 0    0.30      0.0000 CONT 1
 1    0.30      0.0000 CONT 1
  0.30     3  0        (GLOBAL E-PARAMETER WITH n OTHER CHOICES, global APW/LAPW)
 0    0.30      0.0000 CONT 1
 0   -0.79      0.0010 CONT 1
 1    0.30      0.0000 CONT 1
K-VECTORS FROM UNIT:4   -9.0       1.5    41   emin / de (emax=Ef+de) / nband
```

- De seguida, clicamos em guardar e continuamos com o DoS.

## PASSO 29-

- Figura de referência 2.2.3
- Em seguida, passamos para x kgen.

```
*|x kgen  >/home/sundare/jaya/rm/rm11/STDOUT 2>&1 &
```

[ View STDOUT ] to monitor the progress of this command

**Continue with**

continue with DOS

- Em seguida, clicamos em continuar com DoS.

## PASSO 30-

- Figura de referência 2.2.3
- De seguida, passamos para x lapw1.

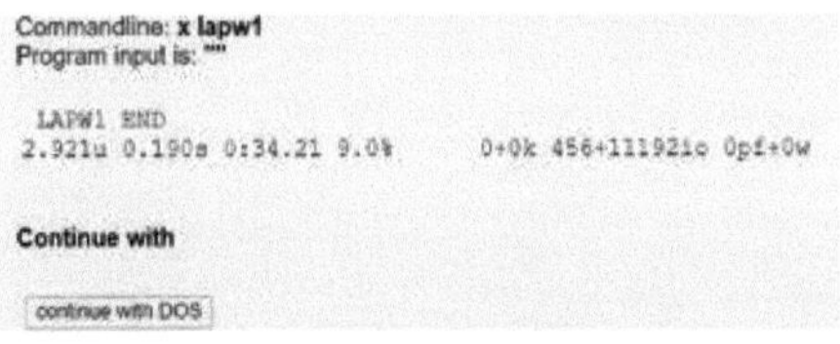


- Em seguida, clicamos em continuar com DoS.

**PASSO 31-**

- Figura de referência 2.2.3
- Em seguida, vamos para x lapw2.qtl

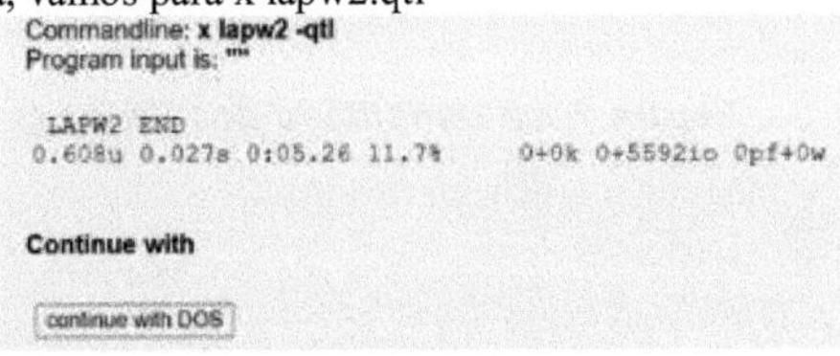


- Em seguida, clicamos em continuar com DoS.

**PASSO 32-**

- Figura de referência 2.2.3
- De seguida, vamos configurar o rm4.int.

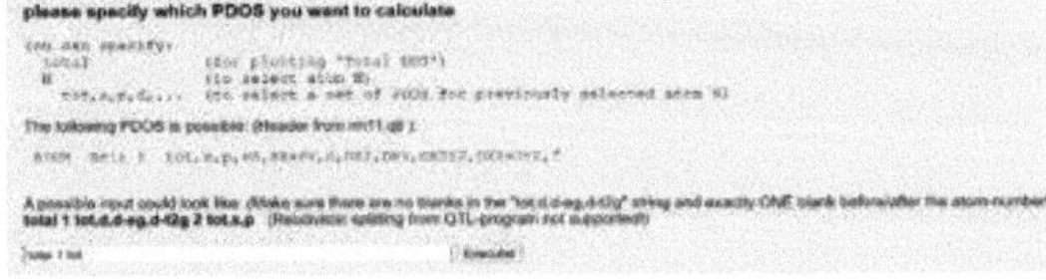


- Em seguida, clicamos em executel.

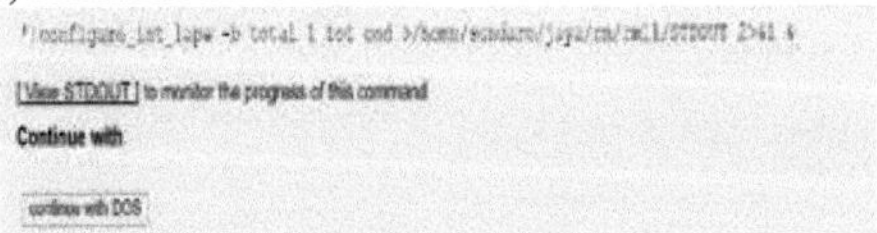


- Em seguida, clicamos em continuar com DoS.

**PASSO 33-**

- Figura de referência 2.2.3
- De seguida, vamos editar o ficheiro rm4.int.

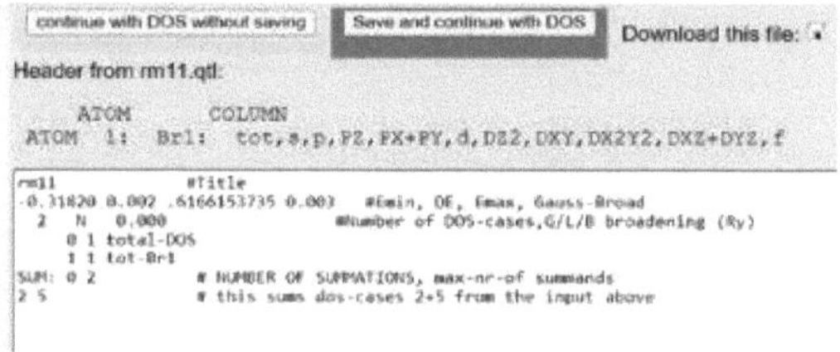


- ➢ De seguida, clicamos em guardar e continuamos com o DoS.

**PASSO 34-**

- ➢ Figura de referência 2.2.3
- ➢ Em seguida, passamos ao x tetra.

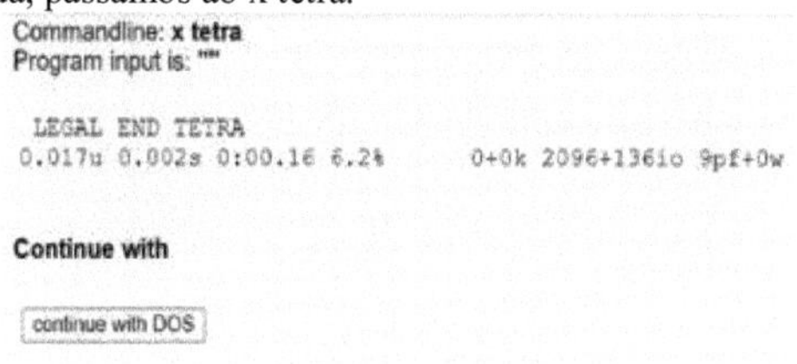


- ➢ Em seguida, clicamos em continuar com DoS.

**PASSO 35-**

- ➢ Figura de referência 2.2.3
- ➢ De seguida, vamos ver o ficheiro rm4.outputt.

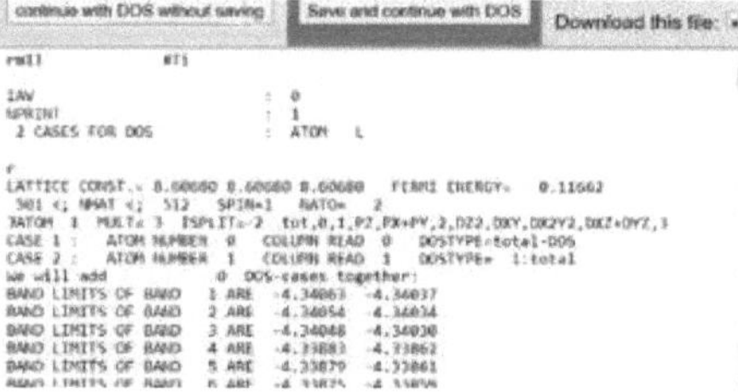


- ➢ De seguida, clicamos em guardar e continuamos com o DoS.

**PASSO 36-**

- ➢ Figura de referência 2.2.3
- ➢ De seguida, passamos ao dosplot.

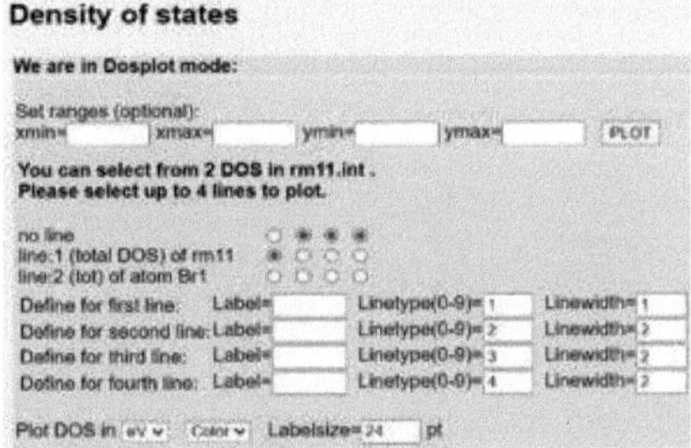


- Em seguida, reorganizamos o ponto em nenhuma linha, a linha 1 (D0S total) de rm11 e a linha 2 (tot) do átomo Br1 para cima e para baixo do DoS parcial.
- Em seguida, clicamos em plot no canto direito. Completamos o DoS e, em seguida, passamos para a estrutura da banda.

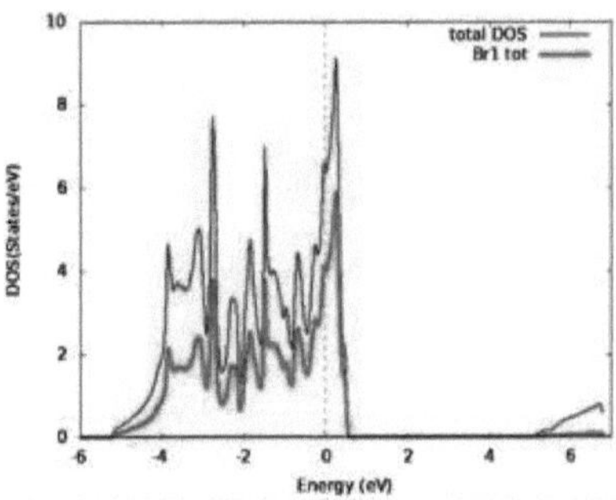


## *3.6 ESTRUTURA DA BANDA*

**PASSO 37**

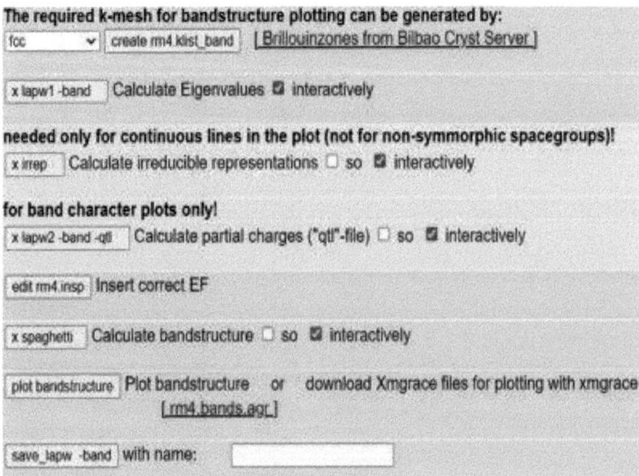


***Figura 2.2.4 Estrutura de banda***

➤ Em seguida, podemos escolher fcc ou bcc ou cúbico simples e clicamos em criar rm4.klist_band.

**PASSO 38 -**

➤ Figura de referência 2.2.4

➤ Em seguida, passamos para a banda x lapw.

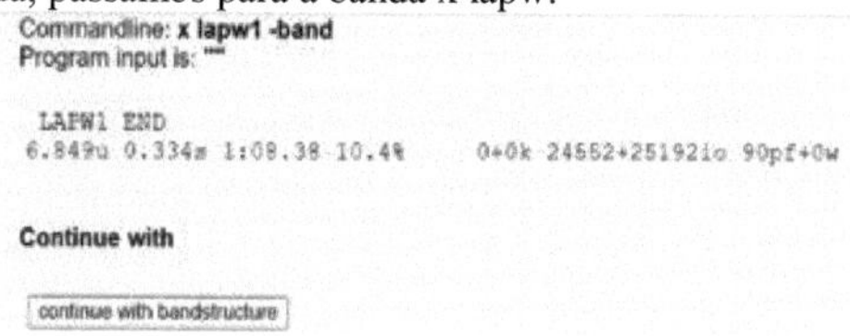


➤ Em seguida, clicamos em continuar com a estrutura de banda.

**PASSO 39-**

➤ Figura de referência 2.2.4

➤ De seguida, passamos para x lapw2-band-qtl.

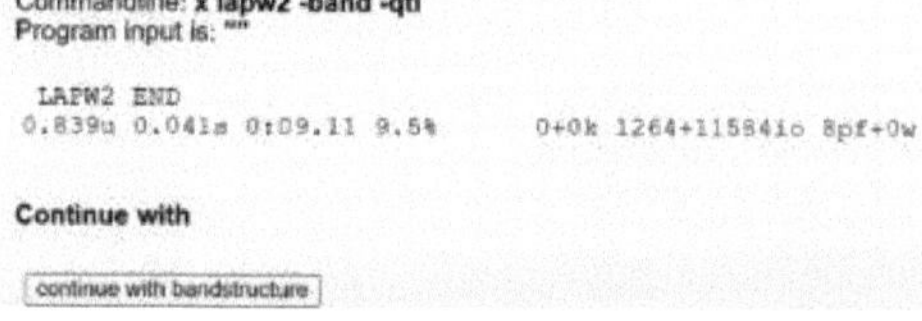


➤ Em seguida, clicamos em continuar com a estrutura de banda.

**PASSO 40-**

➤ Figura de referência 2.2.4

➤ Em seguida, clicamos em edit rm4.insp para inserir o $E_F$ correto.

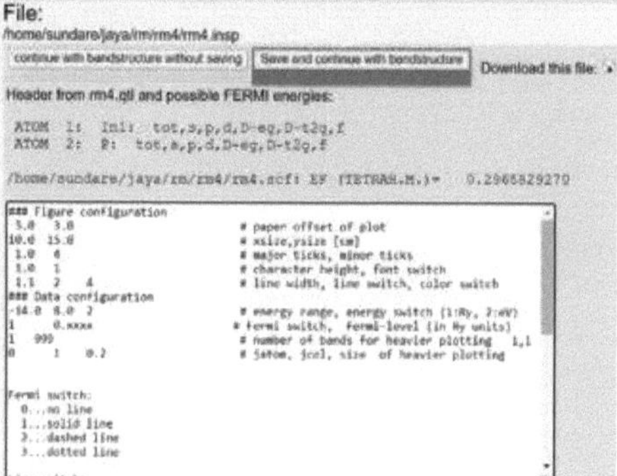

➢ Em seguida, inserimos o valor EF em 0,xxxx neste local.

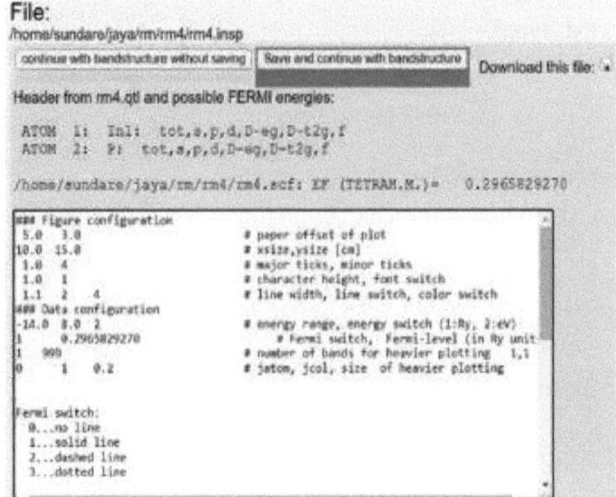


➢ De seguida, clicamos em guardar e continuamos com a estrutura da banda.

**PASSO 41-**

➢ Figura de referência 2.2.4

➢ A seguir, vamos ao x esparguete.

Commandline: **x spaghetti**
Program input is: ""

```
SPAGH: Read band energy from case.output1
number of k-points read in case.vector=        111
SPAGH END
0.024u 0.003s 0:00.31 6.4%     0+0k 2928+7841o 9pf+0w
```

**Continue with**

continue with bandstructure

➢ Em seguida, clicamos para continuar com a estrutura de banda.

**PASSO 42-**

➢ Figura de referência 2.2.4

➢ De seguida, vamos traçar a estrutura da banda.

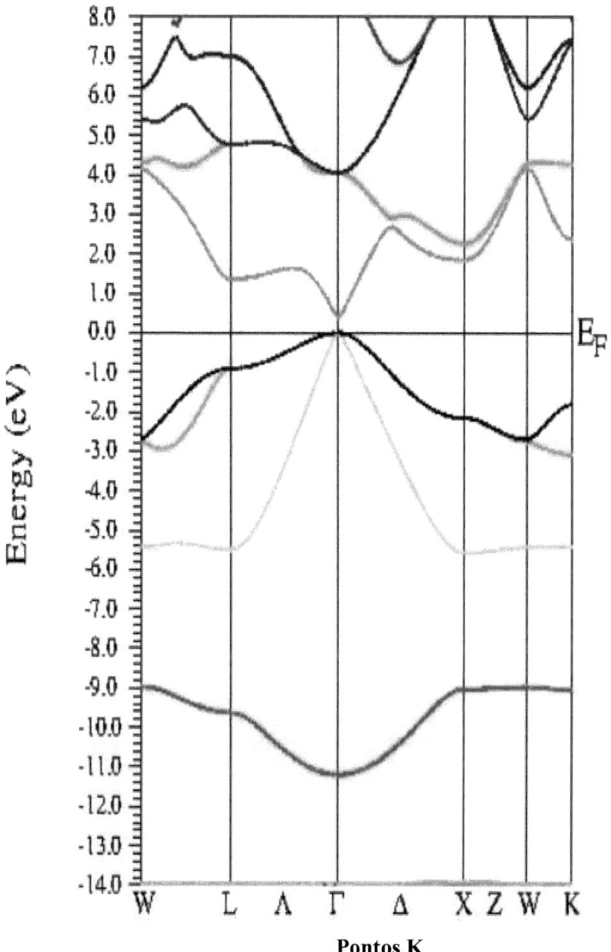

8.0
7.0
6.0
5.0
4.0
3.0
2.0
1.0
0.0
-1.0
-2.0
-3.0
-4.0
-5.0
-6.0
-7.0
-8.0
-9.0
-10.0
-11.0
-12.0
-13.0
-14.0
Energy (eV)
$E_F$
W L Λ Γ Δ X Z W K
Pontos K

## CAPÍTULO 3

## RESULTADOS E DISCUSSÃO

Neste capítulo, discutimos o resultado do trabalho de projeto. Calculámos a estrutura de banda, a densidade de estados e a carga dos elementos Si (hiato de banda indireto), HP(hiato de banda direto), Mn e Br utilizando o método WIEN2K, que nos ajuda no nosso trabalho com maior precisão e erro mínimo. O cálculo é efectuado no âmbito da Teoria do Funcional da Densidade (DFT) [P. Hohenberg e W. Kohn et al , 1964]. No início, calculámos a minimização da energia com a constante de rede e os parâmetros de rede correspondentes são utilizados para calcular as estruturas de bandas, a densidade de estados (DoS) [Kocak B, Ciftci Y et al , 2017].

O DoS é definido como o número de orbitais por unidade de intervalo de energia em cada nível de energia que estão disponíveis para serem ocupados. É também definida como o número de estados quânticos permitidos por unidade de energia [R.G Parr and W.Yang et al , 1989]. O estudo da densidade de estado é muito mais importante porque o número de estados quânticos é importante na determinação das propriedades ópticas de um material [Samrana Kazim et al , 2014]. Fisicamente falando, a densidade de estados fornece informações numéricas sobre a disponibilidade do estado em cada nível de energia.

Os cálculos de DoS permitem determinar a distribuição geral dos estados em função da energia e podem também determinar o espaçamento entre bandas de energia. Se não existirem estados disponíveis para ocupação num nível energético, o valor da densidade de estados será zero [M. Petersen , F. Wagner et al , 2001].

### *3.1 CONDUTOR-MANGANÊS(Mn)*

| *LATTICE<br>PARÂMETROS* | *INTERFACIAL<br>ANJOS* | *POSIÇÃO DE<br>O ATOM* | *ESPAÇO<br>GRUPO* | *LATTICE<br>ESTRUTURA* |
|---|---|---|---|---|
| a-<br>2.79Å<br>b-<br>2.79Å<br>c- | α-<br>90<br>β-<br>90<br>γ- | X-<br>0<br>Y-<br>0<br>Z-0 | Im-3m (229) | Cúbico-BCC |

| 2.79Å | 90 | | | |
|---|---|---|---|---|

*Tabela 3.1.1 Parâmetros de rede do projeto de material*

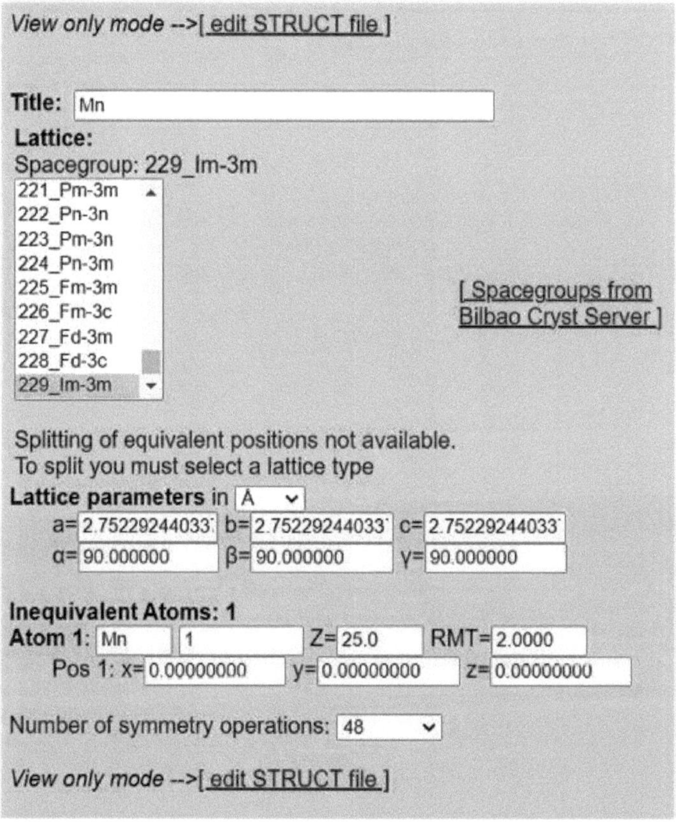

View only mode -->[ edit STRUCT file ]

**Title:** Mn

**Lattice:**

Spacegroup: 229_Im-3m

221_Pm-3m
222_Pn-3n
223_Pm-3n
224_Pn-3m
225_Fm-3m
226_Fm-3c
227_Fd-3m
228_Fd-3c
229_Im-3m

[ Spacegroups from Bilbao Cryst Server ]

Splitting of equivalent positions not available.
To split you must select a lattice type

**Lattice parameters** in Å

a= 2.75229244033 b= 2.75229244033 c= 2.75229244033
α= 90.000000 β= 90.000000 γ= 90.000000

**Inequivalent Atoms: 1**

**Atom 1:** Mn 1 Z= 25.0 RMT= 2.0000
Pos 1: x= 0.00000000 y= 0.00000000 z= 0.00000000

Number of symmetry operations: 48

View only mode -->[ edit STRUCT file ]

***Figura 3.1.1 Ficheiro estrutural com parâmetros de rede da literatura Manganês (Mn)***

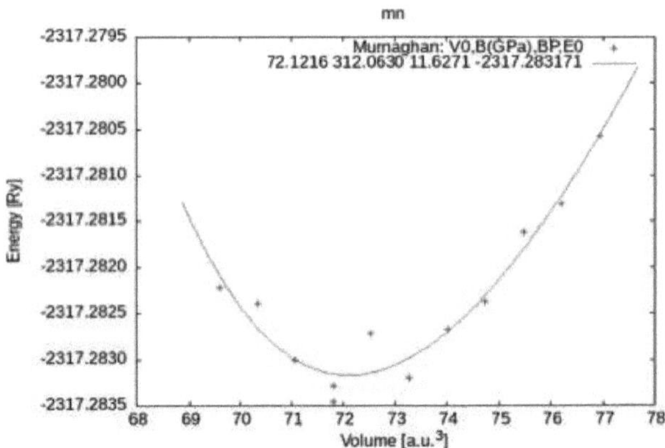


***Figura 3.1.2 Gráfico de otimização do volume de manganês (Mn)***

| *LATTICE<br>PARÂMETROS* | *INTERFACIAL<br>ANJOS* | *POSIÇÃO DE<br>O ATOM* | *ESPAÇO<br>GRUPO* | *LATTICE<br>ESTRUTURA* |
|---|---|---|---|---|
| a-<br>2.7763Å<br>b-<br>2.7763Å<br>c-<br>2.7763Å | α-<br>90<br>β-<br>90<br>γ-<br>90 | X-<br>0<br>Y-<br>0<br>Z-0 | Im-3m (229) | Cúbico-BCC |

***Tabela 3.1.2 Parâmetros da rede calculados a partir de Birch-Murnaghan***

*View only mode* -->[ edit STRUCT file ]

**Title:** Mn

**Lattice:**

Spacegroup: 229_Im-3m

221_Pm-3m
222_Pn-3n
223_Pm-3n
224_Pn-3m
225_Fm-3m
226_Fm-3c
227_Fd-3m
228_Fd-3c
229_Im-3m

[ Spacegroups from Bilbao Cryst Server ]

Splitting of equivalent positions not available.
To split you must select a lattice type

**Lattice parameters** in A

a= 2.77630014247 b= 2.77630014247 c= 2.77630014247
α= 90.000000 β= 90.000000 γ= 90.000000

**Inequivalent Atoms: 1**

**Atom 1**: Mn 1 Z= 25.0 RMT= 2.0000
Pos 1: x= 0.00000000 y= 0.00000000 z= 0.00000000

Number of symmetry operations: 48

*View only mode* -->[ edit STRUCT file ]

***Figura 3.1.3 Ficheiro de estrutura Mn com valores de Birch-Murnaghan optimizados***

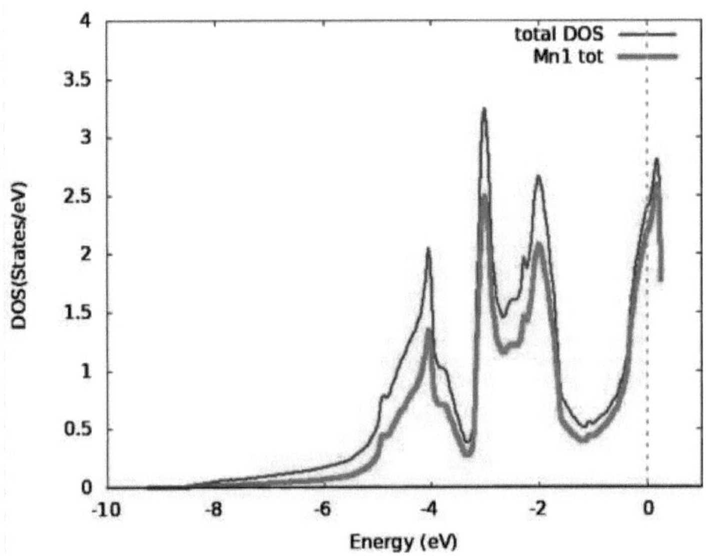


*Figura 3.1.4 Gráfico da densidade de estados (DoS) do manganês (Mn)*

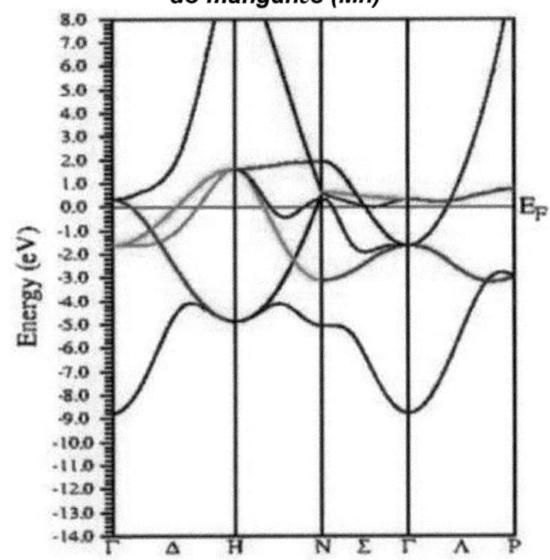


*Figura 3.1.5 Estrutura de banda do manganês (Mn)*

***INFERÊNCIA:***

- Muitos electrões estão sobrepostos no nível de fermi. Por conseguinte, não existe um intervalo de banda.
- Uma vez que se trata de um material condutor.

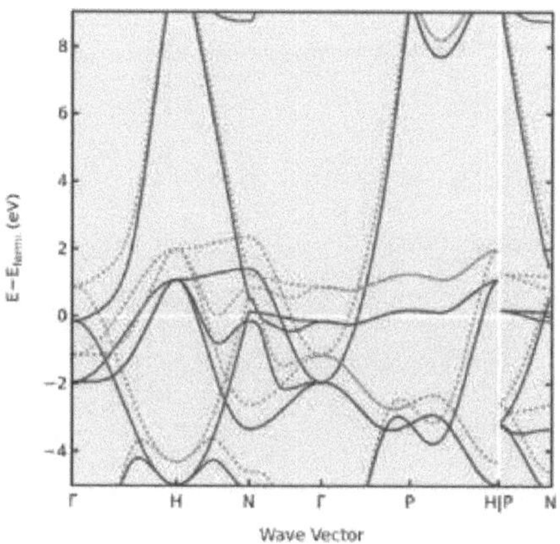


***Figura 3.1.6 Estrutura de banda de referência do projeto de material***

***LINK DE REFERÊNCIA***
https://next-gen.materialsproject.org/materials/mp-1055908?chemsys=Mn

## *3.2 SEMICONDUTOR - ABERTURA DE BANDA INDIRETA DE SILICONE(Si)*

| *LATTICE PARÂMETROS* | *INTERFACIAL ANJOS* | *POSIÇÃO DE O ATOM* | *ESPAÇO GRUPO* | *LATTICE ESTRUTURA* |
|---|---|---|---|---|
| a- 6.69Å b- 6.69Å c- 6.69Å | α- 90 β- 90 γ- 90 | X- 0,5 Y- 0 Z-0.75 | Im-3m (229) | Cúbico-BCC |

***Tabela 3.2.1 Parâmetros de rede do projeto de material***

*View only mode -->*[ edit STRUCT file ]

**Title:** Si

**Lattice:**

Spacegroup: 229_Im-3m

221_Pm-3m
222_Pn-3n
223_Pm-3n
224_Pn-3m
225_Fm-3m
226_Fm-3c
227_Fd-3m
228_Fd-3c
229_Im-3m

[ Spacegroups from Bilbao Cryst Server ]

Splitting of equivalent positions not available.
To split you must select a lattice type

**Lattice parameters** in Å

a= 6.80081717159 b= 6.80081717159 c= 6.80081717159
α= 90.000000 β= 90.000000 γ= 90.000000

**Inequivalent Atoms: 1**

**Atom 1**: Si 1 Z= 14.0 RMT= 2.0000

| | x | y | z |
|---|---|---|---|
| Pos 1: | 0.00000000 | 0.75000000 | 0.50000000 |
| Pos 2: | 0.00000000 | 0.25000000 | 0.50000000 |
| Pos 3: | 0.50000000 | 0.00000000 | 0.75000000 |
| Pos 4: | 0.50000000 | 0.00000000 | 0.25000000 |
| Pos 5: | 0.75000000 | 0.50000000 | 0.00000000 |
| Pos 6: | 0.25000000 | 0.50000000 | 0.00000000 |

Number of symmetry operations: 48

***Figura 3.2.1 Ficheiro estrutural com parâmetros de rede da literatura Silício (Si) - desnível de banda indireto***

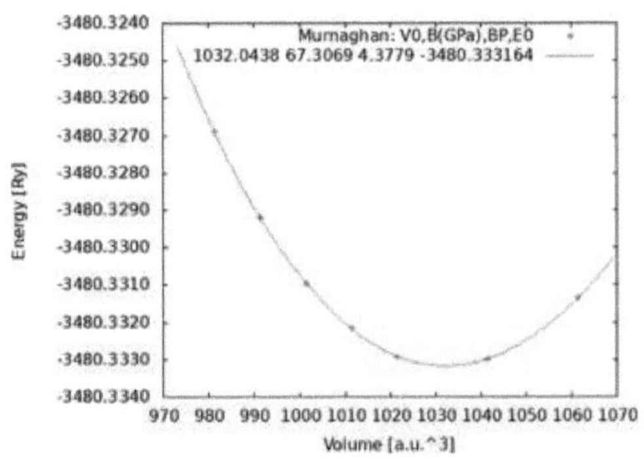


***Figura 3.2.2 Gráfico de otimização do volume de silício (Si)***

| *LATTICE PARÂMETROS* | *INTERFACIAL ANJOS* | *POSIÇÃO DE O ATOM* | *ESPAÇO GRUPO* | *LATTICE ESTRUTURA* |
|---|---|---|---|---|
| a- 6,7377 Å<br>b- 6,7377 Å<br>c- 6,7377 Å | α-<br>90<br>β-<br>90<br>γ-<br>90 | X-<br>0,5<br>Y-<br>0<br>Z-0.75 | Im-3m (229) | Cúbico-BCC |

***Tabela 3.1.2 Parâmetros da rede calculados a partir de Birch-Murnaghan***

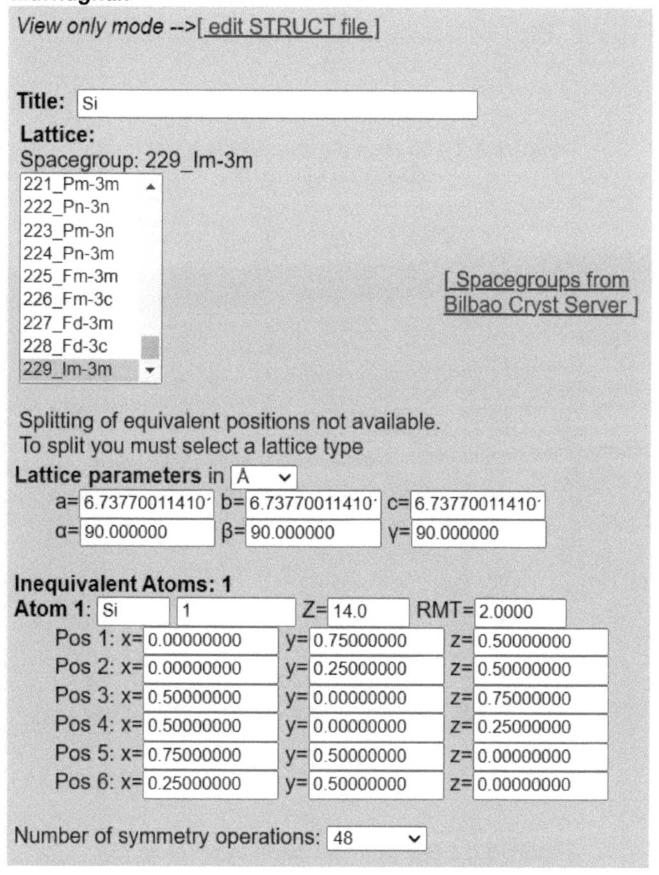


***Figura 3.2.3 Ficheiro de estrutura com valores Si Birch-***

*Murnaghan optimizados*

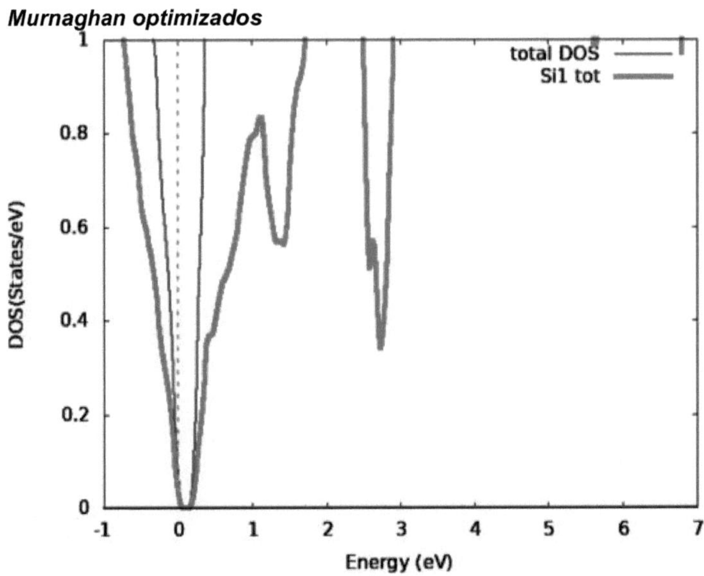


***Figura 3.2.4 Gráfico da densidade de estados (DoS) do silício (Si)***

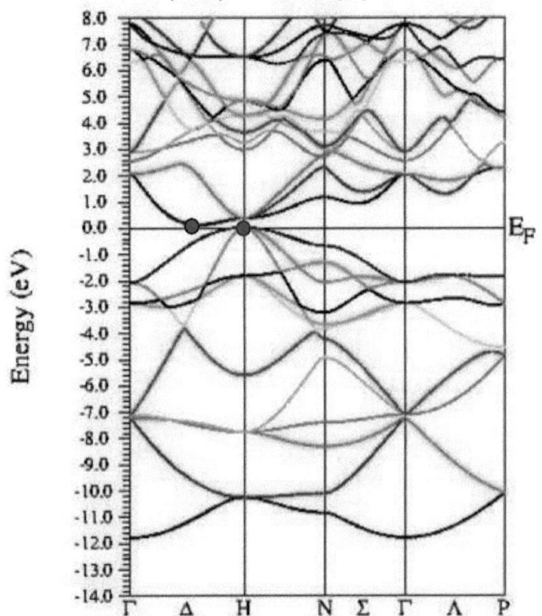


***Figura 3.2.5 Estrutura de banda do silício (Si)***

***INFERÊNCIA:***

- A banda de valência e a banda de condução estão separadas por um pequeno intervalo de energia.
- SEMICONDUTOR (INTERVALO DE BANDA INDIRECTO).

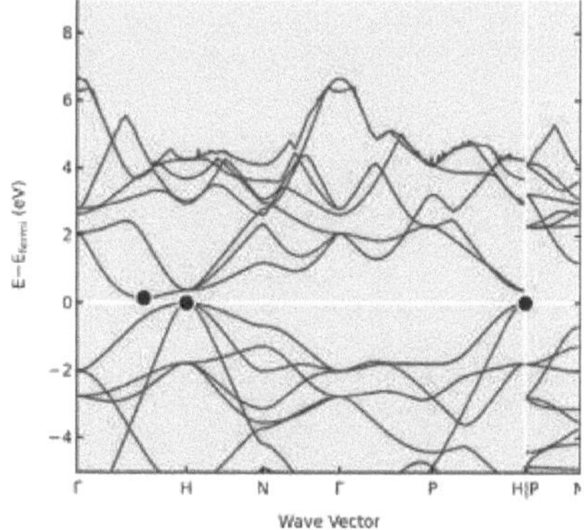


***Figura 3.2.6 Estrutura de banda de referência do projeto de material***

***LINK DE REFERÊNCIA***
***[https://next-gen.materialsproject.org/materials/mp-1072544?chemsys=Si](https://next-gen.materialsproject.org/materials/mp-1072544?chemsys=Si)***

### *3.3 SEMICONDUTOR - ÍNDIO-FOSFÓREO (In-P) BANDA DIRECTA*

| *LATTICE PARÂMETROS* | *INTERFACIAL ANJOS* | *POSIÇÃO DO ATOM* | | *ESPAÇO GRUPO* | *LATTICE ESTRUTURA* |
|---|---|---|---|---|---|
| a-5,90Å | α-90 | Índio | Fósforo | F-43m | Cúbico-FCC |
| b-5,90Å | β-90 | X-0 | X-0.75 | (216) | |
| c-5,90Å | γ-90 | Y-0 | Y-0.75 | | |
| | | Z-0 | Z-0.75 | | |

***Tabela 3.3.1 Parâmetros de rede do projeto de material***

*View only mode* -->[ edit STRUCT file ]

**Title:** In-P

**Lattice:**

Spacegroup: 216_F-43m

208_P4232
209_F432
210_F4132
211_I432
212_P4332
213_P4132
214_I4132
215_P-43m
216_F-43m

[ Spacegroups from Bilbao Cryst Server ]

Splitting of equivalent positions not available.
To split you must select a lattice type

**Lattice parameters** in Å

a= 6.01571588662 b= 6.01571588662 c= 6.01571588662
α= 90.000000 β= 90.000000 γ= 90.000000

**Inequivalent Atoms: 2**

**Atom 1:** In 1 Z= 49.0 RMT= 2.2000
Pos 1: x= 0.00000000 y= 0.00000000 z= 0.00000000

**Atom 2:** P 1 Z= 15.0 RMT= 2.0000
Pos 1: x= 0.75000000 y= 0.25000000 z= 0.25000000

Number of symmetry operations: 24

*View only mode* -->[ edit STRUCT file ]

***Figura 3.3.1 Ficheiro estrutural com parâmetros de treliça da literatura Índio-fósforo (In-P) - desnível de banda direto***

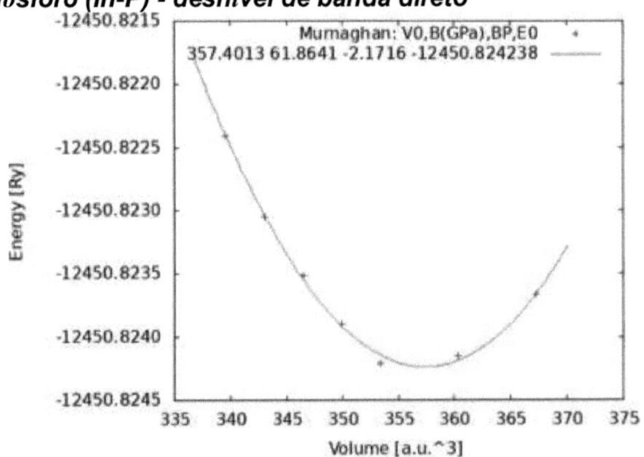


***Figura 3.3.2 Gráfico de otimização do volume de índio-fósforo (In-P)***

| *LATTICE PARÂMETROS* | *INTERFACIAL ANJOS* | *POSIÇÃO DO ATOM* | | *ESPAÇO GRUPO* | *LATTICE ESTRUTURA* |
|---|---|---|---|---|---|
| a- 5,9612Å | α- 90 | Índio | Fósforo | F- 43m | Cúbico-FCC |
| b- 5,9612Å | β- 90 | X-0 | X-0.75 | (216) | |
| | γ- 90 | Y-0 | Y-0.75 | | |
| c- 5,9612Å | | Z-0 | Z-0.75 | | |

***Tabela 3.3.2 Parâmetros da rede calculados a partir de Birch-Murnaghan***

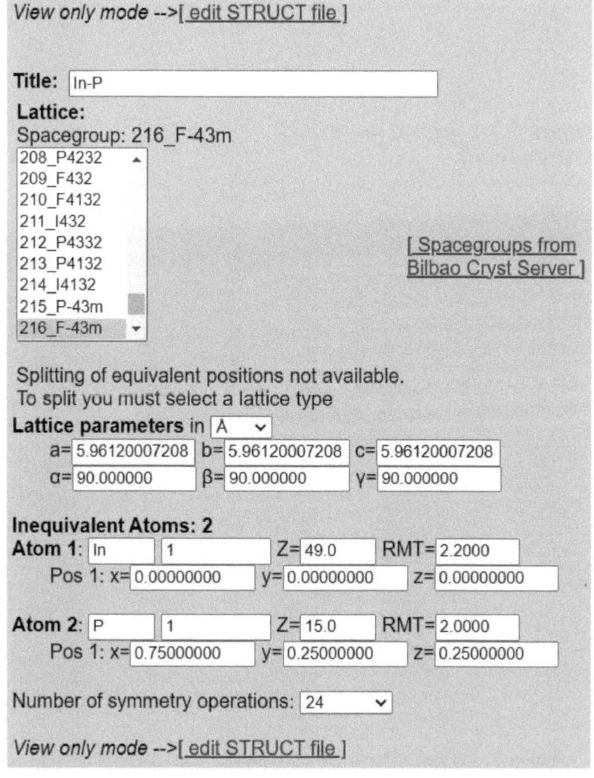


***Figura 3.3.3 Ficheiro de estrutura Valores In-P Birch-Murnaghan optimizados***

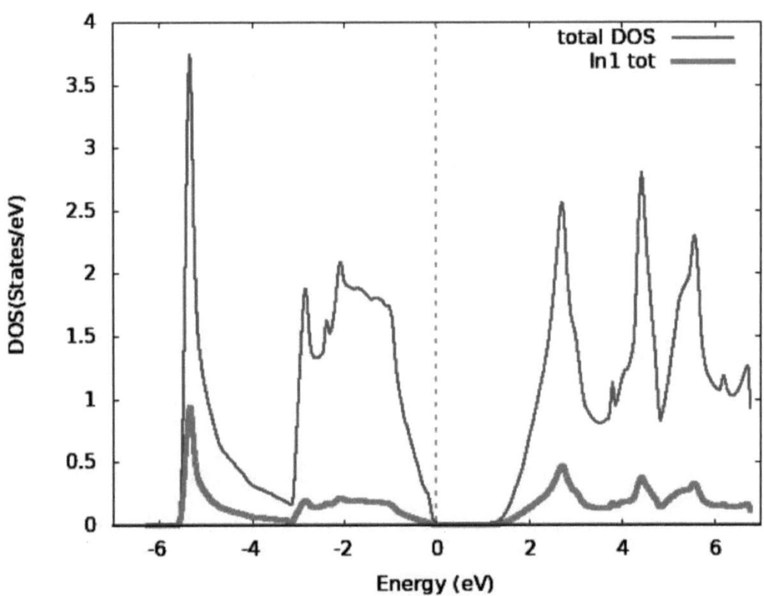


***Figura 3.3.4 Gráfico da densidade de estados (DoS) do índio-fósforo (In-P)***

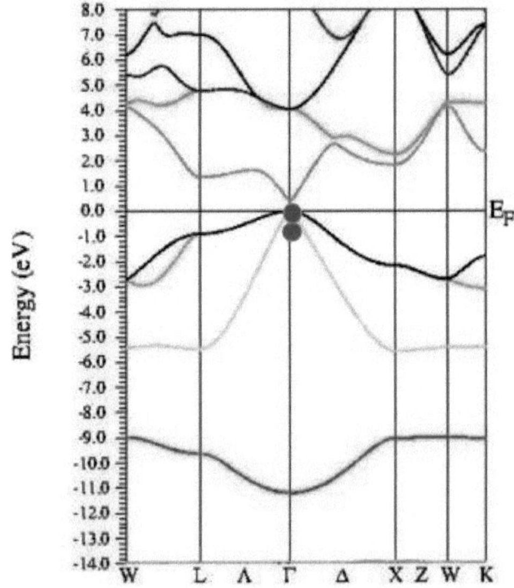


***Figura 3.3.5 Estrutura de banda do índio-fósforo (In-P)***

***INFERÊNCIA***

- O momento cristalino dos electrões e buracos é o mesmo tanto na banda de condução como na banda de valência.
- SEMICONDUTOR  (INTERVALO DE BANDA DIRECTO).

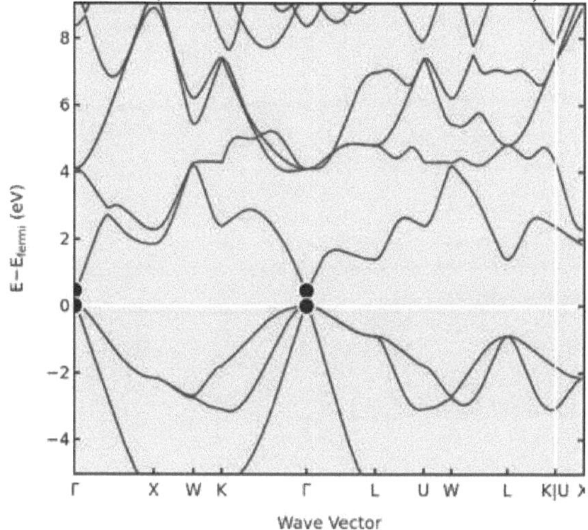


***Figura 3.3.6 Estrutura de banda de referência do projeto de material***

***LINK DE REFERÊNCIA***
***https://next-gen.materialsproject.org/materials/mp-20351?chemsys=In-P***

## *3.4 ISOLADOR-BROMINA(Br)*

| *LATTICE PARÂMETROS* | *INTERFACIAL ANJOS* | *POSIÇÃO DE O ATOM* | *ESPAÇO GRUPO* | *LATTICE ESTRUTURA* |
|---|---|---|---|---|
| a- 4,60Å | α- 90 | X- 0,5 | Pm-3m (221) | CUBO SIMPLES |
| b- 4,60Å | β- 90 | Y- 0 | | |
| c- 4,60Å | γ- 90 | Z-0 | | |

***Tabela 3.4.1 Parâmetros de rede do projeto de material***

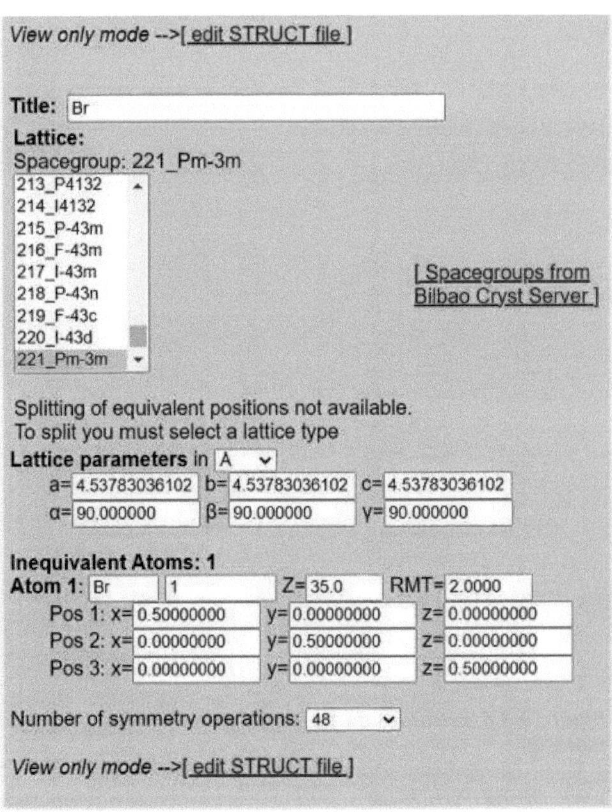


***Figura 3.4.1 Ficheiro estrutural com parâmetros de rede da literatura Bromo(Br)***

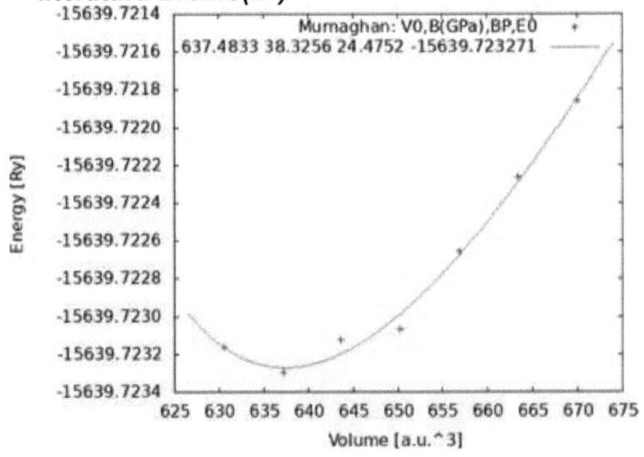


***Figura 3.4.2 Gráfico de otimização do volume de Bromo(Br)***

| *LATTICE PARÂMETROS* | *INTERFACIAL ANJOS* | *POSIÇÃO DE O ATOM* | *ESPAÇO GRUPO* | *LATTICE ESTRUTURA* |
|---|---|---|---|---|
| a-4.5545Å b- 4.5545 Å c- 4.5545 Å | α- 90 β- 90 γ- 90 | X- 0,5 Y- 0 Z-0 | Pm-3m (221) | CUBO SIMP LES |

***Tabela 3.4.2 Parâmetros da rede calculados a partir de Birch-Murnaghan***

*View only mode* -->[ edit STRUCT file ]

**Title:** Br

**Lattice:**

Spacegroup: 221_Pm-3m

213_P4132
214_I4132
215_P-43m
216_F-43m
217_I-43m
218_P-43n
219_F-43c
220_I-43d
221_Pm-3m

[ Spacegroups from Bilbao Cryst Server ]

Splitting of equivalent positions not available.
To split you must select a lattice type

**Lattice parameters** in A

a= 4.55449996569 b= 4.55449996569 c= 4.55449996569
α= 90.000000 β= 90.000000 γ= 90.000000

**Inequivalent Atoms: 1**

**Atom 1:** Br 1 Z= 35.0 RMT= 2.0000

Pos 1: x= 0.50000000 y= 0.00000000 z= 0.00000000
Pos 2: x= 0.00000000 y= 0.50000000 z= 0.00000000
Pos 3: x= 0.00000000 y= 0.00000000 z= 0.50000000

Number of symmetry operations: 48

*View only mode* -->[ edit STRUCT file ]

*Figura 3.4.3 Ficheiro de estrutura Br com valores de Birch-Murnaghan optimizados*

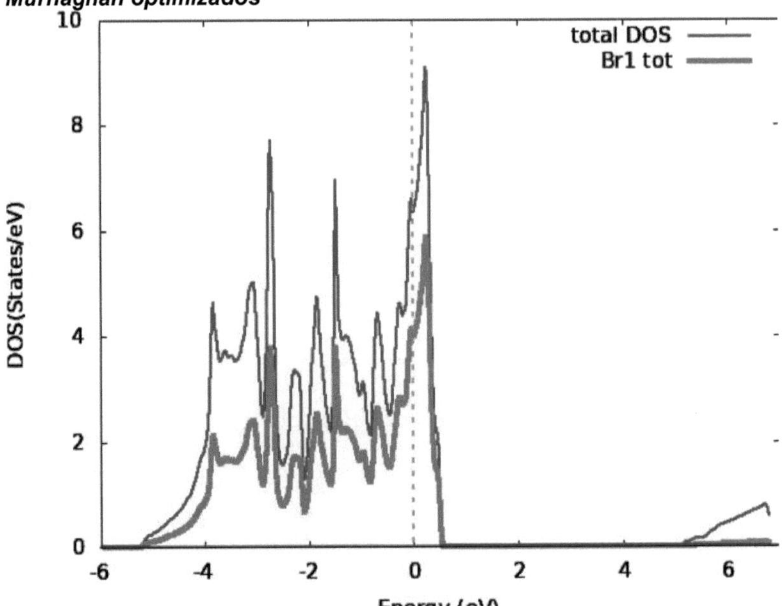


*Figura 3.4.4 Gráfico da densidade de estados (DoS) do bromo (Br)*

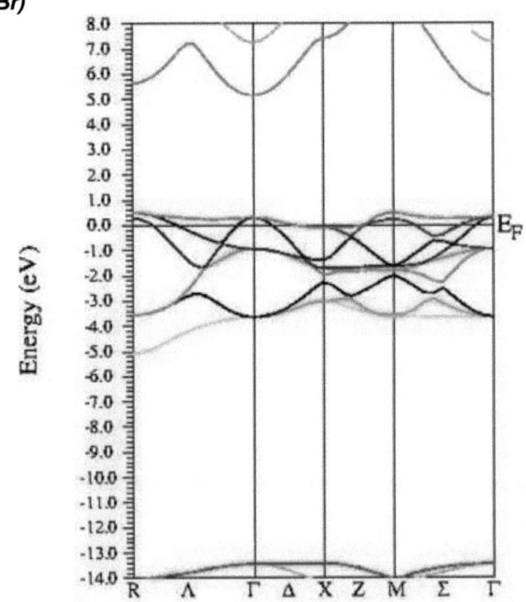

*Figura 3.4.5 Estrutura de banda do bromo (Br)*

***INFERÊNCIA***

- O tamanho do intervalo de banda dos isoladores situa-se na gama de 0,5-5,5eV = 5 Ev.

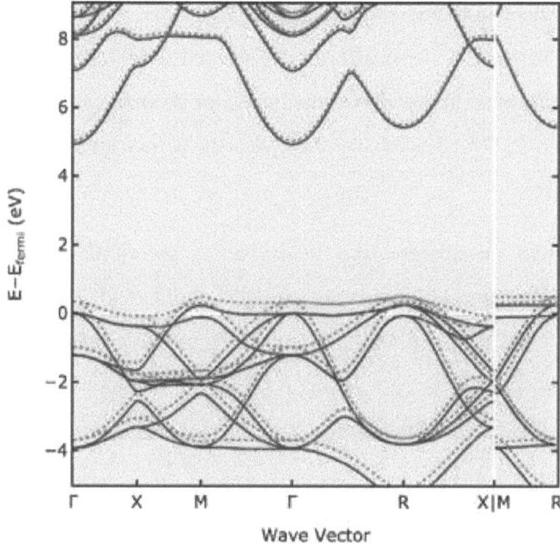


***Figura 3.4.6 Estrutura de banda de referência do projeto de material***

***LINK DE REFERÊNCIA***

**[https://next-gen.materialsproject.org/materials/mp-1062055?chemsys=Br](https://next-gen.materialsproject.org/materials/mp-1062055?chemsys=Br)**

# CAPÍTULO 4

## CONCLUSÃO E OBSERVAÇÕES FINAIS

No presente trabalho, utilizámos a abordagem WIEN2K. Analisámos as estruturas das bandas de electrões, a densidade total e parcial de estados para descrever as propriedades condutoras. Estimámos o melhor valor do parâmetro de rede do Si, In-P, Mn e Br como 2,79Å, 5,90 Å, 6,69Å e 4,60Å, respetivamente, optimizando a energia do sistema.

Estes valores estão de acordo com os trabalhos anteriores e com os valores experimentais. Efectuámos os nossos cálculos utilizando parâmetros de rede optimizados. Sabemos que o condutor não tem qualquer intervalo de banda em que a banda de condução e a banda de valência coincidam, o que se reflecte no Mn, pelo que o Mn é identificado como condutor e o mesmo foi provado no relatório existente.

No semicondutor de hiato de banda indireto, os máximos na banda de valência e os mínimos na banda de condução encontram-se num mesmo ponto "K" com um hiato de energia mínimo (<2ev), o que se observa no Si, pelo que é identificado como semicondutor de hiato de banda indireto e coexiste com a literatura.

No semicondutor de hiato de banda direto, a banda de valência e a banda de condução encontram-se no mesmo ponto "K" com um hiato de energia mínimo (<2ev), o que é observado no In-P, pelo que é identificado como semicondutor de hiato de banda direto e coexiste com a literatura.

No isolante, o tamanho do intervalo de banda para está na faixa de 0,5-5,5ev=5 ev , é observado em Br , portanto, é identificado como isolante e coexiste com a literatura.

Por fim, conclui-se que o método WIEN2K pode ser utilizado como um método rápido e fiável para estudar os cálculos da estrutura eletrónica de sólidos, uma vez que os nossos resultados são compatíveis com os valores previamente reportados.

Uma vez que cada trabalho de investigação tem a sua própria importância, o presente trabalho pode desempenhar um papel crucial no aperfeiçoamento deste sistema e esperamos que este trabalho de investigação sirva aos professores e estudantes interessados como um trabalho de ajuda, bem como uma referência para aqueles que estão interessados neste domínio do método da estrutura de bandas.

## REFERÊNCIA


1) W. Kohn e L.J "Self-Consistent Equations including Exchange and Correlation Effect" ,Phys. Rev. 140A(1965) 1133-1138
2) J.P. Perdew, K.Burke , M. Ernzerhof , "Generalized Gradient Approximation Made Simple" Phys. Rev. Lett. 77 (1996) 3865-3868
3) O.K. Andersen, "Linear methods in band theory" , Phys.Rev. B 12 (1975) 3060-3083
4) Nivetha B , Estudo comparativo da estrutura de banda da perovskite SrTiO3 nas fases a granel e em camadas.
5) P. Blaha, K. Schwarz, G.K.H. Madsen, D. Kvasnicka , J. Luitz , WIEN2K, An Augmented Plane Wave Plus Local Orbitals Program For Calculating Crystal Properties , Universidade de Tecnologia de Viena , Áustria, 2001
6) Kannan N, Vakeesan D. Solar energy for future world: a review. Renewable Sustainable Energy Rev. 2016; 62:1092-1105
7) Kocak B, Ciftci Y. Cálculos de primeiros princípios de ligas Mg1xCuxSiP2 com x = 0,0, 0,25, 0,5, 0,75 e 1,0 J Alloys Compd.2017; 705 pp: 211-217
8) R.G Parr e W.Yang , Density Functional Theory of Atoms and Molecules (Oxford, Oxford,1989)
9) Samrana Kazim , Mohammad Khaja Nazeeruddin, Michael Gr"atzel , d Shahzada Ahmad. Perovskite as light harvester: a game changer in photovoltaics. Angewandte chemie International Edition , 53(11):2812-2824,2014
10) KP Rajeev, GV Shivashankar e AK Raychaudhuri. Propriedades electrónicas a baixa temperatura de um óxido de perovskite condutor normal (lanio3). Comunicações em estado sólido, 79(7) pp: 591-595, 1999
11) P . Blaha , K. Schwarz , P.I. Sorantin e S. B. Tricky, Full- potential linearinsed augmented plane wave programs for crystalline systems , Computer. Phys. Commu., 59, (1990) pp: 399-415
12) Jayalakshmi DS, Akshaya G, Murugadoss G, Al Garalleh H, Alrawashdeh AI, Ali Alshehri M, Pugazhendhi A. Nanomateriais intermetálicos de lantânio e índio para aplicações térmicas fotovoltaicas - Um estudo de potencial completo. Environ Res. 2024 Jul 1;252(Pt 1):118783. doi: 10.1016/j.envres.2024.118783. Epub 2024 Abr 1. PMID: 38570125.M.

Petersen , F. Wagner , L. Hufnagel, M. Scheffler, P. Blaha, K. Schwarz ,Comp. Phys. Commu . 126(2001) pp: 294-309

13)Lin C., Chen W., Chen C. Estudo de primeiro princípio do efeito da deformação nas propriedades termoeléctricas de Lap e LaAs. arXiv: Material Science.2020

14)M. Mimasaka , I. Sakamoto, K. Murata, Y. Fujii, e A. Onodera. Transições de fase induzidas por pressão de MnTe. Jornal de Física C, 20:4689-4694,1987

15)Malki S. & El Farh L. Ab Initio Study of Optoelectronic properties of VSb2 compound International Journal pf Nnoelectronics and Materials. Volume 13, Número 3. 2020. pp:591-600

16)Madsen G. K. H. & Singh D. J. BoltzTrap. Um código para calcular quantidades dependentes da estrutura da banda. Comunicações de Física Computacional. Volume 175, Edição 1. 2006. pp:67-

17)Houquan Deng , Xunuo Lou , Wengi Lui , Jian Zhang b, Di Lib, Shuang Li,Qingtang Zhang, Xuemei Zhang bc, C, Xiang Chend, Dewei Zhang, Yongsheng Zhang b Guodong Tang , 2020

18)Jin-Feng Donga, Chao-Feng Wua, Jun Peib, Fu-Hua Suna, Yu Pana, Bo-Ping Zhangb, Huai-Chao Tanga e Jing-Feng Li*a

Printed by Books on Demand GmbH, Norderstedt / Germany